十万个为什么·人文

RENWENKEJI

人文科技

▶ 牛立红◎编著

企业管理出版社

ENTERPRISE MANAGEMENT PUBLISHING HOUSE

图书在版编目（CIP）数据

人文科技／牛立红编著. —北京：企业管理出版社，2014.2

（十万个为什么）

ISBN 978－7－5164－0594－9

Ⅰ.①人… Ⅱ.①牛… Ⅲ.科学技术－青年读物②科学技术－少年读物 Ⅳ.①N49

中国版本图书馆 CIP 数据核字（2013）第 273726 号

书　　名：人文科技

作　　者：牛立红

选题策划：申先菊

责任编辑：申先菊

书　　号：ISBN 978－7－5164－0594－9

出版发行：企业管理出版社

地　　址：北京市海淀区紫竹院南路 17 号　　邮编：100048

网　　址：http：//www. emph. com

电　　话：总编室（010）68701719　　发行部（010）68701073
　　　　　　编辑部（010）68456991

电子信箱：emph003@ sina. cn

印　　刷：三河市兴国印务有限公司

经　　销：新华书店

规　　格：160 毫米×230 毫米　　16 开本　　13 印张　　140 千字

版　　次：2014 年 4 月第 1 版　2014 年 4 月第 1 次印刷

定　　价：30. 00 元

前　言

本书以简明易懂的语言，介绍了人文科技的相关知识，为广大青少年构建起一座有关高速发展的人文科技知识的宝库，在一定程度上满足了广大青少年的求知欲和好奇心。

全书主要由三个部分构成：中国古代科技发明篇；现代科技发明篇；生物医药科技篇。

在古代科技发明篇中，主要介绍了中国古代的相关科技发明，如原始人是如何发明用火的？为什么说地动仪的发明是了不起的成就？为什么说祖冲之对"圆周率"研究的杰出成就超越前代？为什么说《大衍历》表明中国古代历法体系的成熟？等等。

在现代科技发明篇中，介绍了关于现代科技发明的知识，包括最高端最前沿的新科技，也包括日常生活中的小应用小发明，如为什么会发明眼镜？为什么灯泡要做成梨形？为什么说人力飞机是"空中自行车"？为什么太阳能电池应用广泛？为什么磁悬浮列车能够高速运行？为什么说激光的应用无处不在？为什么说互联网改变了我们的生活？为什么葵花籽油也可以作汽车燃料？为什么电冰箱能制冷？为什么说塑料时代已经到来？等等。

在生物医药科技篇中，介绍了运用新科技于医疗、农业、生物等方面的相关知识，如为什么可以人工合成氨基酸？为什么说基因破解了生命的千古密码？为什么杂交水稻产量高？为什么无土也可以栽培农作物？为什么单克隆抗体可以治疗癌症？为什么超声波可以用来作医疗检查？为什么生物肥料能够改良土壤？为什么说移植让失明病人有了新希望？等等。

　　本书语言通俗易懂，叙述生动有趣，介绍的科技知识准确翔实，会让孩子们喜欢阅读，并且对人文科技知识产生浓厚的兴趣。相信本书能够帮助孩子们增长知识，开阔视野，为孩子们打开一扇了解人文科技知识的窗口，成为孩子们了解世界、了解科技的最佳读物。

目　录

中国古代科技发明篇

现代科技发明篇

生物医药科技篇

中国古代科技
发明篇

人文科技

原始人是如何发明用火的？

原始人发明用火，是经历了艰苦缓慢的实践和认识过程的。当暴风雨袭来的时候，电闪雷鸣，雷电击到树木或其他容易燃烧的物质上，就会燃起熊熊大火。由于火山喷发或者陨石坠地，也会酿成森林火灾。

我们的祖先起初是并不喜欢火的。大火燃起，烈焰冲天，浓烟蔽日，所到之处，一片焦土。火的破坏性使原始人望而生畏，遇到大火就惊恐万状，逃之夭夭。

但是，遇到火的次数多了，人们就渐渐不以为奇，反而习以为常了。而且逐渐懂得了火也能给自己带来好处：大火过后，被烧死的野兽糊香扑鼻，香美异常，吃起来外焦里嫩；火能使人得到温暖，赶走寒冷；火还可以用作防御和攻击猛兽的武器，因为猛兽也是害怕火的。

一次又一次的实践，改变着原始人对火的认识，他们慢慢地由怕火而变成爱火。当大火再一次袭来的时候，他们不再一跑了之，而是果敢地小心翼翼地把一些还在燃烧的树枝拿回来，并且不断地给它添加新的树枝——精心地"喂养"起来。于是，由几根树枝架起的一堆篝火终于燃烧起来了。

原始人开始只是利用现成的火，后来渐渐想到应当保存火种——他们把火置于特别的监护之下，由专人负责看管，不让它熄灭。用火时把火生得旺旺的，不用时让火慢慢地冒着烟。一堆火种往往可以保存很长的时间。在我国北京周口店的考古发掘中，发现有四五十万年前的北京猿人用火留下的灰烬堆积物。堆积物很厚，说明他们从天然火那里取来的火种昼夜长燃不熄。

为什么古人要发明"靴形器"？

近年来，我国江苏、河南、山东等地的一些原始文化遗址中，不断发现一种用鹿角制的器物，长仅十余厘米，形状颇似脚或靴，柄部大都刻有凹槽，也有的雕凿出用于绑系绳子的圆孔，个别可见用兽骨加工制成的。考古工作者一致认定这是几千年前新石器时代人们使用的一种栓柄的生产工具，但是具体如何应用，却没有人知道。

这种"靴形器",有的是在墓葬的随葬品中发现,放在死者的身旁;有的是在遗址的灰层中或废弃的窖穴里出土。如江苏吴县草鞋山遗址中的 38 号墓,死者为一成年女性,随葬品较多,有生前用过的豆、盆、骨匕、穿孔石斧等,还有两件"靴形器"和玉制装饰品。该遗址属于长江下游母系氏族社会的马家浜文化。再如山东泰安大汶口墓地中,4 号墓和 75 号墓分别出土了类似的"靴形器"。其中 4 号墓出土数十件随葬品,75 号墓也有随葬器二十多件,这批墓葬属于黄河下游母系氏族社会的晚期,距今约 6000 年。

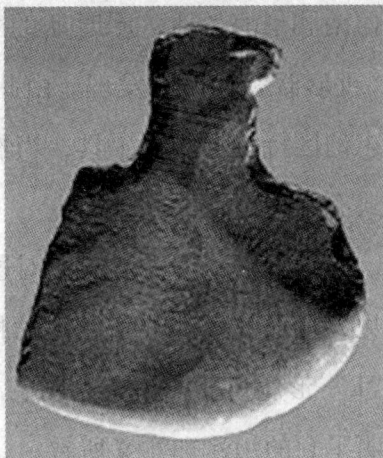

在原始社会里,虽然生产力水平很低下,生产的发展非常缓慢,但到了新石器时代晚期,即阶级产生之前,农业和手工业生产工具较前期都有很大的改革,社会生产有了比较明显的进步。不仅铲、斧、锛、镰等从形制上都发生了变化,而且人们在长期生产实践中不断发明了一些新工具。如加工谷物的杵臼,就在各地普遍取代了石磨盘、石磨棒。生产工具的种类多样化,是经济生产门类增加的必然,也是社会生活的需要,各地发现的鹿角"靴形器",就是这个时候出现的。

目前发现的"靴形器",都是新石器时代较晚阶段的,又相对集中地发现于郑州以东的江淮平原上,北及泰山脚下,南达太湖沿岸,即习惯称为华东地区的广阔地带。在我国华北、东北、西北、

西南和华南各地，同时期的新石器时代遗址星罗棋布、数以千计，"靴形器"却一无发现。由此可见，这种奇怪的器物是6000年前华东地区特有的一种工具，当然和这一地区的生产方式、社会生活方式有某种内在的联系。

现阶段，考古学家们对这种工具的用途都没有发表权威性的意见，全部发现都限于客观的报道。有人称做"靴形器"，有人叫做"L"形鹿角器，也有人叫它"钩形器"。名称之所以不统一，是不明了它的用途和意义所致。

有的人推测，这种器物常出于成年女性墓，并和骨锥、骨针、骨匕、装饰器等共存，可能是一种用于纺织的工具；有的人认为，"靴形器"在成年男子墓葬中也有出土，并同时伴有刀、凿、镖、镞等等，也许是用于制革的。

最近有的人谈到，在大汶口墓葬中出土的骨制"靴形器"，形状很像汉代一些地方出土的"铍镰"，如1957年四川新津出土的这种铍镰，保存完好，与"靴形器"确实相似，只是铍镰形体较大而已。在许多汉代的画像砖中也有农夫持镰收芟的描绘，所以汉代铍镰的渊源可以追溯到新石器时代。这种看法不无道理。

从"靴形器"的形制来看，纺绩、制革和收割谷穗，都是可以使用的。因为它的上端原系有一定长度的木柄或竹柄，下端是两侧缘磨制较锐利的锋刃，故可能有多种用途。

总之，上述看法都有一定道理，都毕竟属于猜测。这种"靴形器"的用途何在，抑或有多种用途，实在令人费解。

为什么说地动仪的发明是了不起的成就？

候风地动仪是汉代科学家张衡的传世杰作。在张衡所处的东汉时代，地震比较频繁。据《后汉书·五行志》记载，自和帝永元四年（公元92年）到安帝延光四年（公元125年）的三十多年间，共发生了26次大的地震。地震区有时大到几十个郡，引起地裂山崩、江河泛滥、房屋倒塌，造成了巨大的损失。张衡对地震有不少亲身体验。为了掌握全国地震动态，他经过长年研究，终于在阳嘉元年（公元132年）发明了候风地动仪——世界上第一架地震仪。在通信不发达的古代，该仪器为人们及时知道发生地震和确定地震大体位置有一定的作用。

据《后汉书·张衡传》记载，候风地动仪"以精铜铸成，圆径八尺"，"形似酒樽"，上有隆起的圆盖，仪器的外表刻有篆文以及山、龟、鸟、兽等图形。仪器的内部中央有一根铜质"都柱"，柱旁有八条通道，称为"八道"，还有巧妙的机关。樽体外部周围有八个龙头，按东、南、西、北、东南、东北、西南、西北八个方向布列。龙头和内部通道中的发动机关相连，每个龙头嘴里都衔有一个铜球。对着龙头，八个蟾蜍蹲在地上，个个昂头张嘴，准备承

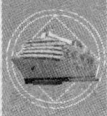

接铜球。当某个地方发生地震时，樽体随之运动，触动机关，使发生地震方向的龙头张开嘴，吐出铜球，落到铜蟾蜍的嘴里，发生很大的声响。所以人们就可以知道地震发生的方向。

汉顺帝阳嘉三年十一月壬寅（公元134年12月13日），地动仪的一个龙机突然发动，吐出了铜球，掉进了那个蟾蜍的嘴里。当时在京师（洛阳）的人们却丝毫没有感觉到地震的迹象，于是有人开始议论纷纷，责怪地动仪不灵验。没过几天，陇西（今甘肃省天水地区）有人飞马来报，证实那里前几天确实发生了地震，于是人们开始对张衡的高超技术极为信服。陇西距洛阳有1000多里，地动仪标示无误，说明它的测震灵敏度是比较高的。

据学者们考证，张衡在当时已经利用了力学上的惯性原理，"都柱"实际上起到的正是惯性摆的作用。同时张衡对地震波的传播和方向性也一定有所了解，这些成就在当时来说是十分了不起的，而欧洲直到1880年，才制成与此类似的仪器，比起张衡的发明足足晚了一千七百多年。

为什么说祖冲之对"圆周率"研究的杰出成就超越前代?

祖冲之(429 年—500 年)是我国杰出的数学家、科学家。南北朝时期人,汉族,字文远。生于宋文帝元嘉六年,卒于齐昏侯永元二年。

祖冲之不但精通天文、历法,他在数学方面的贡献,特别对"圆周率"研究的杰出成就,更是超越前代,在世界数学史上放射着异彩。

我们都知道圆周率就是圆的周长和同一圆的直径的比,这个比值是一个常数,现在通用希腊字母"π"来表示。圆周率是一个永远除不尽的无穷小数,它不能用分数、有限小数或循环小数完全准确地表示出来。由于现代数学的进步,已计算出了小数点后几万位数字的圆周率。

圆周率的应用很广泛。尤其是在天文、历法方面,凡牵涉到圆的一切问题,都要使用圆周率来推算。我国古代劳动人民在生产实践中求得的最早的圆周率值是"3",这当然很不精密,但一直被沿用到西汉。后来,随着天文、数学等科学的发展,研究圆周率的人越来越多了。西汉末年的刘歆首先抛弃"3"这个不精确的圆周率

值，他曾经采用过的圆周率是 3.547。东汉的张衡也算出圆周率为 $\pi = 3.1622$。这些数值比起 $\pi = 3$ 当然有了很大的进步，但是还远远不够精密。到了三国末年，数学家刘徽创造了用割圆术来求圆周率的方法，圆周率的研究才获得了重大的进展。

用割圆术来求圆周率的方法，大致是这样：先作一个圆，再在圆内作一个内接正六边形。假设这圆的直径是 2，那么半径就等于 1。内接正六边形的一边一定等于半径，所以也等于 1；它的周长就等于 6。如果把内接正六边形的周长 6 当作圆的周长，用直径 2 去除，得到周长与直径的比 $\pi = 6/2 = 3$，这就是古代 $\pi = 3$ 的数值。但是这个数值是不正确的，我们可以清楚地看出内接正六边形的周长远远小于圆周的周长。

如果我们把内接正六边形的边数加倍，改为内接正十二边形，再用适当方法求出它的周长，那么我们就可以看出，这个周长比内接正六边形的周长更接近圆的周长，这个内接正十二边形的面积也更接近圆面积。从这里就可以得到这样一个结论：圆内所做的内接正多边形的边数越多，它各边相加的总长度（周长）和圆周周长之间的差额就越小。从理论上来讲，如果内接正多边形的边数增加到无限多时，那时正多边形的周界就会同圆周密切重合在一起，从此计算出来的内接无限正多边形的面积，也就和圆面积相等了。不过事实上，我们不可能把内接正多边形的边数增加到无限多，而使这无限正多边形的周界同圆周重合。只能有限度地增加内接正多边形的边数，使它的周界和圆周接近重合。所以用增加圆的内接正多边形边数的办法求圆周率，得数永远稍小于 π 的真实数值。刘徽就是根据这个道理，从圆内接正六边形开始，逐次加倍地增加边数，一直计算到内接正九十六边形为止，求得了圆周率是 3.141024。把这个数化为分数，就是 157/50。刘徽所求得的圆周率，后来被称为"徽率"。他这种计算方法，实际上已具备了近代数学中的极限概念。这是我国古代关于圆周率的研究的一个光辉成就。

祖冲之在推求圆周率方面又获得了超越前人的重大成就。根据《隋书·律历志》的记载，祖冲之把一丈化为一亿忽，以此为直径求圆周率。他计算的结果共得到两个数：一个是盈数（即过剩的近似值），为 3.1415927；一个是朒数（即不足的近似值），为 3.1415926。圆周率真值正好在盈朒两数之间。《隋书》只有这样简单的记载，没有具体说明他是用什么方法计算出来的。不过从当时的数学水平来看，除刘徽的割圆术外，还没有更好的方法。祖冲之很可能就是采用了这种方法。因为采用刘徽的方法，把圆的内接正多边形的边数增多到 24576 边时，便恰好可以得出祖冲之所求得的结果。

为什么说《大衍历》
表明中国古代历法体系的成熟？

《大衍历》是唐代著名天文学家僧一行修编的重要历法。一行（673 年—727 年），中国唐代著名的天文学家和佛学家，本名张遂，河北巨鹿人。生于唐高宗咸亨四年，卒于玄宗开元十五年。

张遂的曾祖是唐太宗李世民的功臣张公谨。张氏家族在武则天时代已经衰微。张遂自幼刻苦学习历象和阴阳五行之学。青年时代即以学识渊博闻名于长安。为避开武则天的拉拢，剃度为僧，取名一行。先后在嵩山、天台山学习佛教经典和天文数学。

中宗神龙元年（公元 705 年）武则天退位后，李唐王朝多次召他回京，均被拒绝。直到开元五年（公元 717 年），唐玄宗李隆基派专人去接，他才回到长安。

开元九年（公元 721 年），据李淳风的《麟德历》几次预报日食不准，玄宗命一行主持修编新历。

从开元十三年（公元 725 年）起，一行开始编历。经过两年时间，写成草稿，定名为《大衍历》。《大衍历》后经张说和历官陈玄景等人整理成书。从开元十七年起，根据《大衍历》编算成的每年的历书颁行全国。经过检验，《大衍历》比唐代已有的其他历法都更精密。该历法开元二十一年传入日本，行用近百年。

《大衍历》亦称《开元大衍历》。因立法依据《易》象大衍之数而得名。一行测各地纬度，南至交州北尽铁勒，并步九服日晷，定各地见食分数，复测见恒星移动。十五年而历成。共分七篇，包括平朔望和平气、七十二候，日月每天的位置与运动、每天见到的星象和昼夜时刻、日食、月食和五大行星的位置。后世历家遂相沿袭用其格式来编历。

该历法系统周密，比较准确地反映了太阳运行的规律，系统周密，表明中国古代历法体系的成熟。

为什么蔡伦被传为我国造纸术的发明人？

蔡伦东汉桂阳（衡阳耒阳）人，字敬仲。和帝时，为中常侍，曾任主管制造御用器物的尚方令。安帝元初元年（公元114年）封龙亭侯。他总结西汉以来用麻质纤维造纸的经验，改进造纸技术，采用树皮、麻头、破布、旧鱼网为原料造纸，于元兴元年（公元105年）奏报朝廷，时有"蔡侯纸"之称。后世传蔡伦为我国造纸术的发明人。

蔡伦从小就到皇官里去当太监，担任职位较低的职务——小黄

门，后来得到汉和帝信任，被提升为中常侍，参与国家的机密大事。他还做过管理宫廷用品的官——尚方令，监督工匠为皇室制造宝剑和其他各种器械，因而经常和工匠们接触。劳动人民的精湛技术和创造精神，给了他很大的影响。

当时，蔡伦看到大家写字很不方便，竹简和木简太笨重，丝帛大贵，丝绵纸不可能大量生产，都有缺点。于是，他就研究改进造纸的方法。

蔡伦总结了前人造纸的经验，带领工匠们用树皮、麻头、破布和破鱼网等原料来造纸。他们先把树皮、麻头、破布和破鱼网等东西剪碎或切断，放在水里浸渍相当长的时间，再捣烂成浆状物，还可能经过蒸煮，然后在席子上摊成薄片，放在太阳底下晒干，这样就变成纸了。

用这种方法造出来的纸，体轻质薄，很适合写字，受到了人们的欢迎。东汉元兴元年（公元 105 年），蔡伦把这个重大的成就报告了汉和帝，汉和帝赞扬了他一番。从此，全国各地都开始用这样的方法造纸。

造纸技术很复杂，不可能是某一个人凭空想出来的。事实上，在蔡伦之前，劳动人民已经用植物纤维来造纸了。所以我们不能说纸是蔡伦发明的，但是也应该肯定蔡伦对改进造纸技术是有很大贡献的。

蔡伦带领工匠改进造纸方法，造出了质量较高的纸。他提出用树皮、麻头、破布、破鱼网来做原料，也是造纸技术的一大进步。这些原料来源广泛，价钱便宜，有的还是废物利用，因此可以大量生产。

为什么说指南车是一大奇宝？

有人认为黄帝是指南车的发明者。相传在四千多年前，黄帝同蚩尤在涿鹿大战，黄帝打了败仗，因为蚩尤能作大雾，使黄帝的队伍迷失了方向。因此黄帝组织人力，研究创造了指南车，于是，再和蚩尤作战就取得了胜利。还有一个传说是西周初，居住在偏远南部的越裳氏派使臣来朝贺周天子，周天子怕他们回去时迷路，就造了辆指南车送他们。

上述传说给人们带来一系列思考：真的有指南车吗？它是什么形状的？

有一个叫马钧的人，生活在三国时期，是一个著名的机械制造家，他能做许多奇特的机械。他改进了提花机，使它操作方便而且省时，还能织出复杂精美的图案；他还制造出了龙骨水车，这个水车结构精巧，运转省力，为灌溉提供了连续不断的水源；他甚至还改进发明了兵器。据说，马钧改进了当时诸葛亮使用的一种"连弩"，让它在连续射箭的基础上再提高五倍的效率。他试制成一种很厉害的攻城武器，叫"轮转式发石机"，能连续发射砖石，射程几百步。他还创造了"变幻百端"的"水转百戏"。这是一组木

偶，利用机械传动装置，机关一开，各个木偶能够各自做着不同的动作，像是一台戏，机关一停，便马上停止运转。由此可见，马钧有杰出的机械设计才能并且发挥得淋漓尽致。

后来马钧在魏明帝的支持下，根据传说潜心研究指南车的造法。不久，马钧真的造出来一辆机械的、能指定方向的车子。他把齿轮传动机装在车上，车走起来，车上木人会自动指示方向。这种车子不同于利用磁铁造的指南针。

现在已看不到马钧造指南车的具体方法了，而且当时人们也没有使用指南车，只是作为陈设而束之高阁。西晋末，这辆指南车就下落不明了。留给后人的只是一个千古之谜。

后秦时，皇帝姚兴又让令狐生造了一辆指南车。可惜那辆指南车在后秦灭亡时，作为战利品被运到了建康。由于年久失修，机件散落，指南功能也就丧失了。

60 年后的齐王萧道成忽然想起这个奇宝来，他让当时著名学者祖冲之再研制一辆指南车，祖冲之便闭门钻研。同时代的索驭林辚由于不服气也造了一辆。又过了几百年，北宋中期的燕肃和吴德仁都制造过式样不同的指南车。

指南车制造困难，比较笨重，实用价值不高。但古时人们对指南车的不断探索与研究，反映了我国古代人民辛勤劳动和不断创新的精神。正是由于几代人不断地辛勤研究，不断地改进和提高，才有后来指南针的问世。

为什么说活字印刷术的发明是印刷史上的一次重大革命？

自从汉朝发明纸以后，书写材料比起过去用的甲骨、简牍、金石和缣帛要轻便、经济多了，但是抄写书籍还是非常费工的，远远不能适应社会的需要。至迟到东汉末年的熹平年间（172 年—178 年），出现了摹印和拓印石碑的方法。大约在公元 600 年前后的隋朝，人们从刻印章中得到启发，在人类历史上最早发明了雕版印刷术。雕版印刷对文化的传播起了重大作用，但是也存在明显缺点：第一，刻版费时费工费料，第二，大批书版存放不便，第三，有错

字不容易更正。

北宋毕昇发明的活字印刷术，改进了雕版印刷这些缺点。毕昇总结了历代雕版印刷的丰富的实践经验，经过反复试验，在宋仁宗庆历年间（1041 年—1048 年）制成了胶泥活字，实行排版印刷，完成了印刷史上一项重大的革命。

毕昇的方法是这样的：用胶泥做成一个个规格一致的毛坯，在一端刻上反体单字，字划突起的高度像铜钱边缘的厚度一样，用火烧硬，成为单个的胶泥活字。为了适应排版的需要，一般常用字都备有几个甚至几十个，以备同一版内重复的时候使用。遇到不常用的冷僻字，如果事前没有准备，可以随制随用。为便于拣字，把胶泥活字按韵分类放在木格子里，贴上纸条标明。排字的时候，用一块带框的铁板作底托，上面敷一层用松脂、蜡和纸灰混合制成的药剂，然后把需要的胶泥活字拣出来一个个排进框内。排满一框就成为一版，再用火烘烤，等药剂稍微熔化，用一块平板把字面压平，药剂冷却凝固后，就成为版型。印刷的时候，只要在版型上刷上墨，覆上纸，加一定的压力就行了。为了可以连续印刷，就用两块铁板，一版印刷，另一版排字，两版交替使用。印完以后，用火把药剂烤化，用手轻轻一抖，活字就可以从铁板上脱落下来，再按韵放回原来木格里，以备下次再用。

毕昇的胶泥活字版印书方法，不仅能够节约大量的人力物力，而且可以大大提高印刷的速度和质量，比雕版印刷要优越得多。

火药是怎么发明的？

　　火药是我们祖先发明的，距今已有一千多年了。火药的研究开始于古代炼丹术，古人为求长生不老而炼制丹药，炼丹术的目的和动机都是荒谬和可笑的，但它的实验方法还是有可取之处，最后导致了火药的发明。

　　火药由硫磺、硝石、木炭混合而成。炼丹术起源很早。历代都出现炼丹方士，也就是所谓的炼丹家。炼丹家的目的是寻找长生不老之药，那是不可能的。炼丹术中很重要的一种方法就是"火法炼丹"。它直接与火药的发明有关系。炼丹家虽然掌握了一定的化学方法，但是他们的方向是求长生不老之药，因此火药的发明具有一定的偶然性。火药的配方由炼丹家转到军事家手里，就成为中国古代四大发明之一的黑色火药。

　　火药发明之前，攻城守城常用一种抛石机抛掷石头和油脂火球，来消灭敌人。火药发明之后，利用抛石机抛掷火药包以代替石头和油脂火球。

　　到了两宋时期火药武器发展很快。公元 970 年兵部令史冯继升进火箭法，这种方法是在箭杆前端缚火药筒，点燃后利用火药燃烧向后喷出的气体的反作用力把箭簇射出，这是世界上最早的喷射火

器。公元 1000 年，士兵出身的神卫队长唐福向宋朝廷献出了他制作的火箭、火球、火蒺藜等火器。1002 年，冀州团练使石普也制成了火箭、火球等火器，并作了表演。

火药兵器在战场上的出现，预示着军事史上将发生一系列的变革。从使用冷兵器阶段向使用火器阶段过渡。

为什么古人要发明陶球？

万里长江，浩荡东流，大江两岸自古以来就孕育着中华民族的优秀子孙。数千年前，在长江中游及其支流汉水、沅江、湘江流域生活着许多氏族部落，农耕渔猎，开拓生息，为灿烂的中国文化创造了无穷财富。

对这些远古先民遗留下来的大量埋藏于地下的村落废墟、氏族墓地和数不尽的生产工具、生活用品等等，考古学家和历史学家们正在认真研究，力图凭借这些遗迹遗物恢复数千年前的历史画面，再现那刀耕火种、改造自然的社会生活。

原始社会有许多令人费解的文化遗存。广泛分布在长江中游地区的一种"陶球"，数十年来一直使人不知道它的意义和归属。至今在许多考古发掘报告中，都只是客观地报道它的存在，却不能解释它的用途。

这种陶球，是用细腻的黏土烧制的，因陶土和火候的不同而呈红褐色或灰色，标准圆形，直径大约 2~6 厘米，表面装饰着圆圈纹、螺旋纹、细线纹、草叶纹和小镂孔等，也有素面无纹饰的，较多的是用戳印的小点组成的"米"字形纹样。最引人注目的是球腹中空，里面多含小石子或泥核，摇之有声。这种陶球，在汉水流域的河南省唐河县，长江北岸的湖北省江陵、圻春、京山，长江南岸的湖南省澧县直至安徽境内的潜山一带都有发现，实为长江中游原始文化中很有特色的器物。

距今 5000 年至 8000 年前，我国从西藏高原到黑龙江流域，从内蒙古草原到东南沿海，到处分布着新石器时代的氏族部落，在同一个时期相同发展阶段上，陶球却为长江中游一带所仅有，出现这种陶球的原始文化遗存，考古界命名为屈家岭文化。

这些精心制作、摇之有声的陶球，到底有什么用呢?

说它是玩具，它并不和儿童的随葬品在一起，而是在废弃的房址附近、成年人的墓葬中、窖穴和灰坑里都有发现。

说它是装饰品，它又没有可供穿绳系带的孔洞，不宜佩带在身上。

说它是弹丸之类的猎具，它又不如实心陶球或石球那样坚固实用，大可不必中空。

说它是巫师用以占卜或祭祀的用具，据考古发掘实际情况看也不可能。比如在安徽潜山县薛家岗遗址中，一个墓葬密集的墓地中许多墓都随葬这种陶球，在一个氏族村落中，不能同时有这么多巫

师存在。而且，大量陶球都是在墓葬之外随便遗弃的，很难和受到敬畏崇拜的原始宗教联系起来。

有人推测这种可称工艺品的陶球，大概是当时人们歌舞娱乐的用具，似乎有些道理，但是在酣歌狂舞的时候，既听不到摇动它发出的细微声响，又不能用嘴吹出什么声调。这种推测自然还缺乏说服力。

因此，考古工作者在撰写工作报告时，只能如实记述在某遗址发现陶球的数量、形制、纹饰等等，无法指明它的意义和用途。

小小陶球，使考古学家们煞费苦心。这个未解之谜，也对许多局外人有很大魅力。然而迄今仍不见有答案。

大江东去，送走了几千年世态变幻；古往今来，我们的祖先留下了丰富的文化财宝。原始社会长江中游地区的陶球，存在于氏族社会的晚期，而在淮河以北和华东、华南均无踪影，进入文明时代又迅即消逝，个中奥秘，什么时候才能揭晓呢？

为什么说中国是最早
发明牙刷的国家？

当今世界上绝大多数地区的人们都已经养成了刷牙的好习惯，刷牙对口腔卫生和预防、治疗某些牙病有明显的功效。然而，很多人都不知道究竟是谁发明了牙刷。

关于牙刷来历的最流行版本是这样的：大约在 1770 年，英国的威廉·阿迪斯由于煽动骚乱被关押在监狱中。一天早晨，他洗过脸后用一块小布头擦牙齿。根据传说，是亚里士多德首先提出了这种擦洗牙齿的方法的，并由亚历山大大帝最先使用。可是勤于思考的阿迪斯突然觉得这个方法并不是很好用，便马上想出一个新主意：他找到一块骨头，先在一端钻了一些小孔，然后向监狱里的看守要了些硬猪鬃切断绑成小簇，一头涂上胶，嵌进骨头上的小孔中去。人类历史上的第一把牙刷就这样诞生了。

这个故事在世界上广为流传，很多人都认为这是一件真实的事情。但是，根据史实，人类历史上的第一把牙刷显然不是英国阿迪斯发明的，牙刷在我国出现，至少比上面这个故事要早 800 年。

考古工作者的发现和研究表明，牙刷在我国唐代晚期就已出现，宋代已在士大夫中传开，但应用不广，辽金时期成为北方各族

上层人物的清洁用具，元明两代已为一般地主阶级所接受。不过，最早的牙刷究竟是什么时候出现的，似乎仍可向前追溯。谁是牙刷的发明者，也依旧是未解之谜。

1986 年 2 月 23 月的《光明日报》有这样一则报道：甘肃省中医学院赵健雄等同志在考察神秘的敦煌莫高窟 62 个洞窟壁画时，在晚唐一九六窟西壁，第一次发现了刷牙的画面，牙刷是用柳枝做成的，这是对祖国医学史的新贡献。此窟建于唐代景福年间（892年—893年），这幅刷牙图确凿地说明了我国人民当时已开始使用牙刷。这幅唐代壁画所处的时代比流传西方的狱中故事要早大约900 年。

宋辽金元时期的古墓中，曾多次发现随葬的牙刷。在辽宁、吉林、内蒙古等地出土的辽代贵族墓，常见骨柄或象牙柄的牙刷，刷头往往有两行细小的毛孔，每行各有 9 个左右的小孔，刷柄比现在社会上通用的略为细长而圆润。通长 15 厘米左右，发现时刷毛都已腐朽，什么也没有剩下。

1964 年夏，苏州市清理元代末年吴王张士诚的父母合葬墓，其母的随葬奁盒内，有银刷两把，小者即为牙刷，用黄棕穿结在竹片上的是刷毛，插长方槽内，刷身后端收齐，全长 16 厘米，同奁内还有银质薄片"刮舌"；同牙刷一样是清理口腔的卫生用品。同样的"刮舌"，在北方辽金墓中也出土过。洛阳西郊七里河村一座金代仿木结构大型砖室墓中，出土了四支牙刷，有一件为三排错孔，毛孔有 25 个。不过，直到明末清初，牙刷始终在我国社会上流传不够普遍和深入。甚至到今天，许多农村、山区的中老年人还不知道牙刷为何物，更不知道这是用来清理口腔的。牙刷虽然在我国出现有1000多年的历史了，但其传播的速度却是惊人的缓慢，乃至于我国发明牙刷的功绩也没有几个人知道。

这里还存在着另一个问题：尽管我们已经知道出现牙刷的时间，但我们还不清楚牙刷最早是在什么地区和民族出现的。我国自古以来就是一个多民族聚居的国家，唐宋之际与东北地区的契丹、女真和西北地区的党项、西域各族都有密切的友好往来，并且敦煌壁画中反映的，大部分是北方各族及西域方面与佛教有关的情景。所以，牙刷的发明者，一方面有可能是少数民族，另一方面也不排除由西域传入的可能。因此牙刷在北方契丹和女真族墓葬中发现绝不是偶然的。牙刷的发明也许和北方游牧民族大量食用肉类和脂肪有关，不过对此，考古界和医学界还没有定论。

我国古代人民进入文明社会之后，就从各个方面注意饮食、生理和环境卫生了。殷商时期的甲骨文就明确出现了"浴"字，这个象形字的意思是一个人在澡盆中淋洗。春秋战国的许多典籍中都记载了有关沐浴的事情，秦都咸阳一号建筑遗址中发现了可供三四个人同时洗浴的浴池。由此可见，着眼于口腔卫生的刷牙，很有可能在我国首先产生，敦煌壁画和考古发现已为我们提供了有力的证据。

谁是牙刷的发明者？牙刷是在什么时候发明的？首先在哪个民族和地区产生？这一切都有待于我们的探索。

为什么马王堆古尸不腐？

1972 年，在中国湖南马王堆古墓中出土了一具女尸，它震惊了世界，为什么呢？原来，尽管历经 2000 年，但这具女尸外形完整，面色鲜活，发色如真。解剖后，其内脏器官完整无损，血管结构清楚，骨质组织完好，甚至腹内一些食物仍存。为什么这具古尸历经千年不腐呢？一般来说，古墓中的尸体留至今天，只会出现两种结果：一是腐烂。因为在有空气、水分和细菌的环境里，大量的有机物质会很快腐烂，棺木也会腐朽，最后尸体也难免烂掉。二是形成干尸。这需要极为特殊的气候条件，在特别干燥或没有空气的地方，细菌等微生物难以生存，这样，尸体会迅速脱水，成为"干尸"。

马王堆的女尸为何成为"湿尸"而不腐烂呢？其原因是：

第一，尸体的防腐处理完善。经化学鉴定，它的棺液沉淀物中含有大量的乙醇、硫化汞和乙酸等物。这证明女尸是经过了汞处理和其他浸泡处理的，硫化汞对于尸体防腐的作用很大。

第二，墓室深。整个墓室建筑在地底 16 米以下的地方。上面还有高 20 多米，底径 50 米～60 米的大封土堆。既不透气也不透水，更不透光。这就基本隔绝了地表物理作用和化学作用的影响。

第三，封闭严。墓室的周壁均用可塑性大、黏性强、密封性好的白膏泥筑成。泥层厚约1米左右。厚为半米的木炭层衬在白膏泥的内面，共五千多公斤。墓室筑成后，墓坑再用五花土夯实。这样，地面的大气就与整个墓室完全隔绝了，并能保持18℃左右的相对恒湿环境，光的照射被隔绝，地下水也不能流入墓室。

第四，隔绝了空气。由于密封好，墓室中已接近了真空，具备了缺氧的条件。在这种条件下，厌氧菌开始繁殖。存放在椁室中的丝麻织物、乐器、漆器、木俑、竹简等有机物和陪葬的大量的食物、植物种子、中草药材等，产生了可燃的沼气。从而加大了墓室内的压强。沼气能杀菌。细菌在高压下也无法生存。

第五，棺椁中存有具有防腐和保存尸体作用的棺液。据查，椁外的液体约深40厘米，棺内的液体约深20厘米。但它们都不是人造的防腐液，而是由白膏泥、木炭、木料中的少量水分和水蒸汽凝聚而成的。而内棺中的液体是女尸身体内的液体化成的"尸解水"。这种自然形成的棺液防止了尸体腐败，并使得尸体的软组织保持了弹性，肤色如初，栩栩如生。

在重见天日之时，千年的亡魂随同所有出土的文物，散发着迷人的光芒，让人不断惊叹于造化的神奇。

为什么越王勾践剑历经两千多年不锈蚀？

近年来，湖北望山沙冢楚墓出土的一件青铜铸成的宝剑引起了人们广泛的关注。该剑出土时，放置在棺内人骨架的左侧，并插入涂墨漆的木鞘里，将剑拔出鞘，寒光耀目，剑身一点儿也没有锈蚀，其锋利的薄刃能将二十多层纸一击而破。剑全长55.6厘米，剑身长45.6厘米，剑格宽5厘米。剑身满饰黑色菱形几何暗花纹，另外还分别用蓝色琉璃和绿松石在剑格的正面和反面镶嵌成美丽的纹饰，剑柄以丝线缠缚，剑首向外翻卷作圆箍形，内铸有非常精细的11道同心圆圈。有两行鸟篆铭文位于剑身一面近格处，经专家考证，铭文为"越王勾践，自作用剑"。

越王勾践青铜剑，不仅有精湛的铸造技术、秀美的花纹，而且在地下深埋2400多年而不锈，仍保持着耀眼的光泽，这到底是什么原因呢？根据古代史书记载，春秋末年中国在青铜铸造方面已经掌握了将器身与附件分别铸造，再用合金焊接的冶金工艺。当时的炼炉，已开始采用皮囊鼓风加温的新技术。那么，这些名贵的青铜剑，又是怎样制造与防锈的呢？

1977年及1978年湖北省博物馆在有关单位的协助下，在复旦大学的静电加速器上，利用原子核研究所提供的检测设备，对越王勾践剑进行了无损伤的测定与研究，终于揭开了笼罩在越王勾践剑身上长达千年的面纱。

根据测定的结构，勾践剑剑刃及剑身的成分显示含锡为 16%~17%，这是铸造锡青铜强度最高的成分，并保持有一定延伸率；含锡再高，虽提高了强度，但抗强度及延伸性将迅速下降，作直刺用的兵器，要保证其强度以免弯折，而对砍击器的硬度或韧性则不太要求。越王勾践剑和同墓出上的菱纹剑都使用了合理的含锡成分，吴越铸剑的高超水平得以充分的反映。

勾践剑剑身的铅、铁含量较低，它们应是锡和铜的杂质元素，在熔铸时或者选料精良，或者通过精炼将铅、铁杂质予以去除。剑格使用了含铅较高的合金制作，这种材料有较好的流动性，容易制作表面的装饰。剑格表面经过了人工氧化处理，花纹处含硫高，硫化铜有抵抗锈蚀的作用，以保持花纹的美丽。勾践剑剑上镂有八字铭文，刻槽刃痕清晰可辨，由此可以肯定铭文系铸后镂刻。铭文笔画圆润，宽度只有 0.3~0.4 毫米，从中可看出其刻字水平之高。

越王勾践剑因剑的各个部位的作用不一样，铜和锡的比例也不同。刃部含锡高，硬度大，使剑非常锋利，而剑脊含铜较多，能使剑韧性好，不易折断。但不同成分的配合在同一剑上又是如何铸成的呢？专家们考证后认为是采用两次浇涛使之复合成一体的复合金属工艺。世界上其他国家到近代才开始使用这种复合金属工艺，而早在 2000 多年前的中国，古代劳动人民就采用了这一方法。

为什么木牛、流马难制作？

《三国志·诸葛亮传》记载："（建兴）九年（公元231年），亮复出祁山，以木牛运，粮尽退军……十二年春，亮率大众由斜谷出，以流马运。"文章描绘得那么奇妙，可说明诸葛亮以木牛、流马运粮是真实的事情。

诸葛亮到底用过木牛流马没有，确实是一个谜，而且《诸葛亮集》中尽管对木牛、流马作了描绘，但由于没有任何实物与图形存留后世，多年来，人们对木牛、流马到底是什么东西作出了种种揣测。

一种说法认为，木牛、流马是诸葛亮改进的普通独轮推车。此说源于《宋史》、《后山丛谈》、《稗史类编》等史籍，它们认为汉代称木制独轮小车为鹿车，诸葛亮加以改进后称为木牛、流马，北宋才出现独轮车之称。

另一种说法为，木牛、流马是四轮车和独轮车，但是哪种为四轮，哪种为独轮，各人有不同的见解。宋代高承《事物继原》卷八说："木牛即今小车之有前辕者，流马即今独推者是也，而民间谓之江洲车子。"今世学者范文澜认为，木牛实际上是一种人力独轮车，有一脚四足，就是在车旁前后装四条木柱；流马是改良的木牛，前后四脚，也就是人力四轮车。

还有一种说法为，木牛、流马是新颖的自动机械。《南齐书·祖冲之传》说："以诸葛亮有木牛、流马，仍造一器，不因风水、施机自运，不劳人力。"这是指祖冲之在木牛流马的基础上造出更新颖的自动机械。

木牛和流马到底是一种东西还是两种东西，后世对此发起了广泛的争辩。如谭良啸认为，木牛和流马是一回事，是一种新的木头做的人力四轮车；王开则说木牛与流马是两种东西，前者是人力独轮车，后者是经改良的四轮车；王湔认为两者同属一物，并且还做出了一种模型，既具备牛的外形，又具备马的姿势。陈从周等勘察了川北广元一带现存古栈道的遗迹：畜在前面拉，后面有人推，流马与木牛差不多，但没有前辕，不用人拉，反靠推为行进，外形像马。

令人遗憾的是，当年诸葛亮没有留下木牛流马的详细制作图解，让后人苦苦思索。

为什么说古人也会剖腹手术？

古人也会剖腹手术，这似乎是难以置信的事，然而有人却将剖腹手术的首创与华佗联系在了一起，但究竟是不是华佗首创了剖腹手术呢？

《三国志》上记载说："若病结积在内，针药不能及，当须刳割者，使饮其麻沸散，须臾便如醉死，无所知，因破取。病若在肠中，便断肠湔洗，缝腹膏摩，四五日差，不痛，人亦不自寤，一月之间，即平复矣。"

这也是人类最早的剖腹手术记录。其过程大致同于现代外科手术的过程，且不必做脊椎穿刺，只须口服麻醉药，便可施行手术，舒适而方便。南朝宋范晔所撰《后汉书·华佗传》也有这样的记载。因此，许多人便认为这就是华佗开中国剖腹手术先河的证据。曾时新在《杏林拾翠》、余慎初在其《中国医学简史》以及杜石然等主编的《中国科学史稿》中均持此说。

持不同说法的人则认为，史书上有关华佗进行剖腹手术的记载，不足为信。手术必须麻醉，而麻沸散可能属于子虚乌有的东西。因为《三国志》不是医书。和华佗同时代的另一位著名医学家张仲景在其著作中却未提及关于麻沸散的事。宋代学者叶梦得也说："此（指剖腹手术）绝无引理！人之所以为人者，以形，而形之所以生者气也。腹背肠胃既已破裂断坏，则气何由舍？安有如是而复生者乎？审佗能此，则凡受支解之刑者，皆可使生。"可见他根本不相信剖腹手术这件事的存在。

现代学者陈寅恪认为华佗没有那么高的医术。他在《寒柳堂集》中说："断肠破腹，数日即差（痊愈），揆从学术进化之史迹，当时恐难臻此。"他认为"华佗剖腹手术"只是当时民间比附印度的一个神话。这个神话说印度古代一名叫耆域的神医，会剖开肚子"扭转肝脏"，劈开脑袋"除诸虫"。在民间流传过程中，被演义到华佗身上。陈先生作考证说，连华佗的"佗"字，都是天竺语，这无疑更加强了民间比附的可能性。

前苏联学者彼德罗夫主编的《医学史》一书记载，早在奴隶时期的古印度、古巴比伦和古希腊医学中，就已经应用植物作麻醉药，其中用曼陀罗花作为外科手术的麻醉药达100年之久。由此可见，早在华佗以前，古代印度已有前例。在《奈女耆域因缘经》中就主有耆域从阿提梨宾迦罗学医归来，他精通解剖学，如剖开腹腔治疗肠胃病，为坠马将死的男子进行剖腹手术将其肝脏复位等的故事。因此，这些学者认为华佗不是世界上第一个使用麻醉药进行开腹术的人。

为什么古代的铜镜能透光？

汉代时，封建经济得到空前的繁荣，中国作为一个统一的多民族封建国家非常强盛。农业生产发展，铁器广泛应用，手工业生产的规模和水平都得到突飞猛进的发展，金属铸造工艺不断进步。正当许多青铜日用品逐渐被漆器和陶瓷器取代的时候，铜镜的制造却获得了重要发展。铜镜成为汉代铜铸制品中最多的产品。

上海博物馆里藏的一面铜镜，就是当时一种非常流行的镜型。此镜直径 12.1 厘米，圆钮，内区有同心圆及八曲连弧纹，外圈刻着文字："内清以昭明，光象夫日之月不泄……"其中夹以 7 个"而"字，共 21 字。边缘宽阔，铭文两边各有锯齿纹一周。

不同时期，流行的铜镜也是有差别的，西汉前期和中期流行草叶纹镜，到武帝和昭帝时，草叶纹镜的地位渐为星云纹镜和连弧纹日光镜所取代。星云纹镜钮座呈圆形，不见草叶纹镜上的大方格，而且上面也不会有任何铭文；带座的大乳钉布于四方，其间安排若干小乳钉，乳钉高低错落，像星云一般灿灿，铜镜因此得名。连弧纹日光镜的内区有一圆连弧纹，镜缘上的连弧纹则被略去，代之以稍宽的平缘；外区中有一圈醒目的非隶非篆的铭文带，铭文开头大都用"见日之光"四字，铜镜也因此得名。连弧纹昭明镜图案与日光镜其实区别并不大，只是铭文较繁，可以看作是连弧纹日光镜的繁体。不过这件连弧纹昭明铜镜却因其新奇的透光效果而为人所关注。

铜镜的透光效果，就是指将镜面对着日光和其他光源时，在墙背上可以反映出镜背的纹饰和铭文。中国古代学者早就对铜镜的透光效应以及透光现象的成因做过深入的研究，《太平广记》记载，隋朝的王度得到一面古镜，发现将镜面对准日光，镜背上的图案竟然会在日影中出现。宋代周密在其《云烟过眼录》中提到，如果把透光镜对准日光，可以看到纤毫无损的镜背影像。此外，金朝的麻九畴《赋伯玉透光镜》和明代郎瑛《七修类稿》，对透光镜也都作了生动的描述。像宋代的沈括，元代的吾丘衍，明代的方以智、何孟春和清代的郑复光等，他们也都对铜镜的透光效应作过许多深入细致的研究。19世纪以来，西方学者和日本学者也相继作了不少研究工作，发表了许多见解，这些见解也都被后人继承下来。

目前多数学者经过研究认为，铜镜的透光效果是由于镜体厚薄不一造成的，因为镜面各部分出现了与镜背图纹的凹凸不平和曲率差异而形成。但这种曲率差异是怎样产生的呢？学者们的认识也有所不同，有的认为是通过快速冷却的方法加工出来的，有的认为是在铸造研磨时产生各种压力后形成的，有的认为是在铜镜加工过程中刮磨不均形成的，有的认为是铜镜在铸造过程中冷却速度不同形成的。尽管关于铜镜的透光效果的看法还存在着不少分歧，但它却是研究中国古代冶金技术的重要资料，对我国古代科技史的研究具有很重要的意义。

为什么说轮船起源于中国？

在当代，轮船在人们的日常生活中发挥着重要的作用。追溯其历史，我们会发现，轮船的发明与中国人有着很大的关系。

最早的船称为车船，车船又称作车轮舟，其前身是南朝祖冲之制成的千里船。这种船不受流向、风向的限制，内部没有机关，可以自己运行，日行五十多里。千里船的推动工具在史书上没有明确记述，有的学者根据当时机械学的发展情况分析，它可能是由人力踏动木叶轮而前进。但从此以后，史书上再也没有出现车轮舟的记载，可见千里船在后来并没有被广泛应用。

唐朝德宗时，江南道节度使洪州刺史李皋设计制造了一种新型战舰，史书上关于车船最早的明确记载里写道："这种战舰两侧分别装置一个轮桨，士兵用脚踩踏，带动轮桨转动，使舰前进，能取得与挂帆船一样的速度。"

宋朝时车船才得到实际应用和发展。北宋李纲根据李皋的遗制，造战舰数十艘，上下三层，装置车轮，用脚踩踏前进。车船作为水军的新型战舰列入编制的时代是南宋。公元 1131 年，鼎州（今湖南常德）知州程昌寓命令南宋造船厂工匠高宣打造了 8 艘车船来镇压杨幺起义。这种车船用人力踏车行驶，船旁设置车板，速度很快，却不见船桨，被人们叹为神奇。交战中，杨幺起义军俘获了造船工匠高宣并夺了车船 8 艘。高宣又在起义军中对车船进行了改造。他在两个月内为杨幺的起义军建造了大小船十多种、数百只，其中"和州载号"有 24 个轮子，"大德山号"有 32 个轮子，其上层还有三层建筑，高达 10 丈以上，可以载 1000 名士兵，前、后、左、右都装有拍竿。这种车船在和南宋战舰交锋中以轮击水，行驶如飞，官军的船只迎上去就被拍竿击碎，起义军在几百只官船中如入无人之境，擂鼓呐喊，踏车回旋，横冲乱撞，官军闻风丧胆。从此，杨幺的起义军声威大震。由此可见，车船在杨幺起义军的作战中发挥了相当大的威力。

1179 年，在江西出现了一种被当地人称为马船的新的车船，船上装有女墙、轮桨，可以拆卸。平时可以作为渡船运送物资，战时可以改装成战船用来作战。1183 年，陈镗建造了多达 90 轮的车船，从而使其航行速度更快。但是车船作为民间船只，一直没有发展起来。虽然如同许多专家说的那样，车船的发明给当今轮船的发展奠定了基础，也显示了中国古代人民的创造才能，但它只能算作轮船的始祖，因为外国人发明轮船不是受中国古代车船的启发的，二者的动力来源本身就不一样，一个是依靠人力，一个是依靠蒸汽动力。

为什么秦始皇陵兵马俑被称为"世界第八大奇迹"?

1974 年在中国陕西临潼骊山北麓出土的秦始皇兵马俑,被誉为"世界第八大奇迹。"当你来到秦始皇兵马俑博物馆的展出大厅,你就会为眼前展现的一切所震惊:已经出土并被修复的千余件威武雄壮的秦俑,排开阵势,庄严肃穆,浩浩荡荡。其规模之宏伟和气势之磅礴,堪称空前绝后,举世无双。

两千多年前,秦始皇统一了中国。称帝后,他一面派人寻找长生不老之药,一面派人驱使 20 多万民工到骊山为他建造陵墓。兵马俑坑便是秦始皇陵的重要组成部分。

20 世纪 70 年代,考古工作者在秦始皇陵的东侧地下 4~6 米深处相继发现了一号、二号、三号兵马俑坑。一号俑坑面积为一万四千多平方米,是一座土木结构的大型建筑。俑坑东端有 5 个门道,进门后是一条南北向的长廊,排列着面朝东方的 3 列横队武士俑,其后有 11 个门洞,步兵俑和车马俑相间对称排列成 38 路纵队,一直延伸到西端,构成了极其严整的长方形军阵,兵马俑总数达 6000 之多。二号和三号俑坑在一号俑坑北侧东端,面积分别为 6000 平方米和 500 平方米。二号俑坑平面为曲尺形,由步兵武士俑、驷马战车、战车和徒手骑兵俑、骑兵俑和驷马战车四部分组成混合军阵，共有战车八十余辆、车士俑二百余个、陶马三百五十余匹、骑兵俑一百一十余个、步兵俑五百六十余个、鞍马约一百一十余件，还有大量至今还熠熠闪光的金属兵器。

出土的兵马俑中最高的是将军俑，高达 1.96 米，武士俑高 1.80 米，均身穿铠甲或战袍，束带，扎绑腿；或挟弓持箭，或手握剑、矛、弩机等武器，或手牵战马，或蹲跪作射箭状，身形各异，面容不一。陶马高约 1.70 米，与真马相似，战马的双耳直立前倾，额前两绺分鬃微向上翘，双眼正视前方，昂首作嘶鸣状，造型逼真，栩栩如生。整个兵马俑坑内陶俑和陶马的颜色是以红、绿、黑为主；再衬以蓝、紫、白、黄等颜色，色彩对比强烈而又十分和谐，更增添了军阵的威武雄壮之姿。以实战的军阵组成的兵马俑，是秦始皇统率的"奋击百万"、"战车千乘"的秦军的一个缩影，给人以威武肃穆、严阵以待的强烈印象和艺术享受。

称兵马俑为"世界第八大奇迹"，还在于它体现了中国古代的能工巧匠们高超的技艺和高度的智慧，在很多方面都创造了人类文明史上的奇迹。以复制陶马为例：秦俑博物馆里有个复制工厂，工人们复制出土文物个个都是行家能手。经过近十年的努力，现在已经能复制成功秦兵俑，但就是复制不出一匹陶马来。他们花了两个

多月时间，好不容易用泥土雕塑了一匹马，放进窑里一烧，不是变形就是开裂。翻来覆去多少回，结果总是相同——竹篮子打水一场空！可这样的陶马，在兵马俑坑里竟多达六百余件。我们不能不叹服于古代能工巧匠们高超娴熟的泥塑工艺和制陶技术；我们完全有理由说，兵马俑是中国古代劳动人民高度智慧的结晶。

再以二号坑中出土的青铜剑为例，该剑长度为 86 厘米，剑身上共有 8 个棱面，科技人员用精度为 0.02 毫米的游标卡尺对它进行测量，发现这 8 个棱面极为对称均衡，每个棱面之间的误差都不到 0.1 毫米，也就是说，棱面宽度相差只有一根半头发粗细。目前这里一共出土了 19 把青铜剑，每一把剑的棱面误差，毫无例外地都在 0.1 毫米以内。

这些青铜剑在潮湿的兵马俑坑中已经度过了两千多年，但当它们出土时，居然无蚀无锈，光亮如新，锋利如初，甚至还能切断发丝。经检验，青铜剑内部结构严密，没有砂眼，刀部磨纹细密，纹理平行而无交错。

这其中有什么奥秘呢？科学家们用先进的科学仪器进行分析，终于揭开了谜底。原来在青铜剑的表面有一层厚约 0.01 毫米的氧化膜，其中含铬 2%。就是这层含铬氧化膜，起到了防锈作用，从而使它们历经 2000 年之久而仍然熠熠生辉。

这个发现一经公布，让世界为之一惊。要知道这种铬盐氧化处理方法，只是在近代才出现的一种先进工艺。德国在 1937 年、美国在 1950 年才先后发明，并申请为专利技术。令人更加惊奇的事还在后头。当年在清理一号兵马俑坑的第一过洞时，考古工作者发现有把青铜剑被一尊秦俑压弯了，弯曲程度超过了45度。而当人们把秦俑移开的一刹那，奇迹突然出现了，这把又窄又薄的青铜剑竟立即反弹平直，自然复原了！

为什么说秦代以前就发明了毛笔？

我国手工业的各行各业，在旧社会都有自己行业所崇拜的祖师爷。制笔工人像供奉神明似的供奉着蒙恬的神主牌位，把蒙恬当作制笔业的祖师爷。根据《辞源》记载："恬始作笔，以枯木为管，鹿毛为柱，羊毛为被。"明确记载着蒙恬发明毛笔的事。

毛笔真的是蒙恬发明的吗？蒙恬是何许人也？原来蒙恬是2200年前的秦朝大将。秦始皇统一六国后，命蒙恬率领30万大军，北击匈奴，收复河套，修筑万里长城，抵御匈奴贵族对汉族的掠夺，保卫了北方人民的生命财产，保卫了中原地区经济文化的发展。秦始皇死后，赵高立胡亥为二世皇帝，蒙恬被逼自杀。但人们却怀念着蒙恬的功绩。

毛笔发明之前，中国的文字是用刀契刻的。传说蒙恬率军边疆，经常要向秦始皇奏报军情。由于边情瞬息多变，文书往来频繁，用刀契刻速度极为缓慢。蒙恬手下的人，几乎天天熬夜赶刻，还是来不及。情急智生，蒙恬随手从士兵手中的武器上，撕下一撮

红缨，绑在竹杆上，蘸点颜色在白色的丝绫上书写起来。写着写着，觉得速度较快，于是蒙恬命手下的人，如法炮制，做了许多能写字的工具。北方野狼较多，士兵经常打狼，剥制狼皮，做衣取暖。废物利用，就把狼毛做成笔头。塞外草原，人民多放牧羊群，作为食粮，因而也用羊毛作成笔头。这就是流传下来的狼毫笔和羊毫笔了。

1954 年 6 月，长沙左家公山发掘了一座完整的战国木椁墓，随葬品保存良好。其中竹筐内发现毛笔，据记载，毛笔"全身套在一枝小竹管里，杆长 18.5 厘米，径 0.4 厘米，毛长 2.5 厘米"。据制笔的老技工观察，认为毛笔是用上好的兔箭毛做成的。做法与现在的笔有些不同，不是将笔毛插在笔杆内，而是将笔毛围在杆的一端，然后用细小的丝线缠住，外面涂漆。与笔放在一起的还有竹片、铜削、小竹筒三件，据推测可能是当时写字的整套工具，竹片的作用相当于后世的纸，铜削是刮削竹片用的，小竹筒可能是储存墨一类物质的。这支毛笔的发现，对中国毛笔的发明史是一个最重要证据，在研究中国文化史上是具有重大价值的。这是迄今发现的时代较早且最完整的一支毛笔。它比蒙恬发明毛笔的时间要早。

在清朝光绪年间，发现了甲骨文字。它的功绩在于确证了商朝的历史，证明了司马迁著的《史记》中关于商朝的历史是可信的。在河南安阳殷墟的考古发掘中，发现了大量商代的甲骨文，这是我国古代流传下来最成熟的文字，是现在使用的汉字的前身。甲骨文是契刻在龟甲和兽骨上的文字，规划整齐，刚劲挺拔，有的字纤如毫发。龟甲与兽骨，质地非常坚硬，究竟用什么工具契刻，至今还

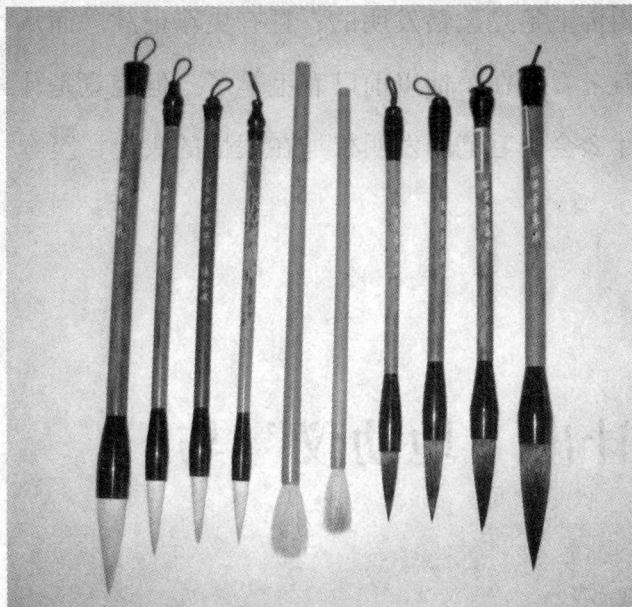

是一个谜。甲骨文究竟是先写后刻，还是直接契刻，至今也是一个谜。从清朝末年至今，在各地发现的甲骨文字，有数十万片之多，其中也发现了一些写而未刻的，因而就产生了一个问题，3000年前，在毛笔发明之前，究竟是用什么东西作为书写工具的？

五六千年前，分布在我国黄河流域的新石器时代的仰韶文化，它的文化特点是彩陶。彩陶是我国古老的艺术珍品。彩陶器形较多，有陶质的盆、钵、碗、壶、罐等。在外部或口沿，或里面，绘有各种各样生动美丽的图案，如人面纹、鱼纹、鸟纹、鹿纹、蛙纹、三角纹、圆点纹、网格纹、波折纹等等，有的图案还带有原始社会的神秘感，线条流畅，技法多变。彩陶的制作过程，是先在软的陶坯上描绘图案，然后放在窑内烘烧。推测当时的描绘工具，应属毛笔一类较软而富有弹性的工具，这样才能使图案流畅自然，但究竟是一种什么样的绘画工具，至今没有发现实物，所以不得其解。如果确实是毛笔一类的工具，那时间就要往上推到六七千年之前了。

总之，千百年来相传毛笔是蒙恬发明的，且有史籍记载。而从现有的考古发掘的资料来看，在蒙恬以前已有毛笔了。但究竟是什么人发明毛笔的？为什么会把毛笔的发明权加在蒙恬的头上，至今还是一个谜。

为什么能设计出"地动仪"与"浑天仪"？

公元138年，也就是张衡死前一年，在洛阳看守天文仪器的人，有一天跑来告诉张衡，说"地动仪"对着正西方的龙嘴突然张开，落下一个铜球。于是张衡跑去观察"地动仪"，并且知道洛阳西面某处地方发生了地震。但是住在洛阳城内的人，因为不曾感觉地动，所以将信将疑，不相信"地动仪"的作用。过了许多天，有人从距洛阳千里的陇西跑来，说那里当时的确发生了地震，那些原本不相信"地动仪"的人，都连声说妙极了。距离一千多里，竟然能精确地测出地震，可见其精密准确程度。欧洲第一次出现地震仪，是在19世纪，足足比"地动仪"晚了一千七百多年。

"地动仪"是什么样的仪器呢？又是谁设计、制造的呢？地动仪是张衡设计和制造的。公元89年至140年，东汉都城洛阳及陇西一带，一共发生了53次地震，公元119年，更连续发生了两次大地震，因此促使张衡研究地震现象，以及探索测报地震的方法。公元132年，张衡终于发明和制造出测报地震的仪器——"地动仪"。这个"地动仪"的外形好像一个大酒坛，是用铜铸造的。仪器上端有一个可以打开的凸形盖子；四周外壳上铸了八条龙；每条龙的龙头，分别对准东、西、南、北、东北、东南、西北、西南8个方位。每个龙嘴里都衔着一个小铜球，并在龙嘴下面，各自安置了一个头仰嘴张的铜铸蛤蟆。"地动仪"内部，装有铜制上粗下细"都柱"，并自"都柱"周围，分别伸出八根与个别龙头上半部衔接的横杆。如果龙头个别所向的方位有哪一处发生了地震，那么"都柱"便会倒向地震发生的方向，压住横杆下端，而横杆则牵动龙头，使龙嘴里的铜球掉进蛤蟆嘴里，发出清脆的声响，通知人哪个方向有事。

但"地动仪"并不是张衡发明和制造的唯一科学仪器。在发明"地动仪"之前20年，张衡可能已在西汉人耿寿昌浑象的基础上，发明和制造了"漏水转浑天仪"。"浑天仪"类似现代的天球仪，由精铜铸造，主体为一个球体模型，代表天球。这个球体可以绕天轴转动；天轴和球面共有两个交叉点：一个是北极（北天极），另

一个是南极（南天极）。在球的表面遍列28宿以及其他恒星。球面上还具赤道圈和黄道圈，两者成24度夹角，分列24个节气。球体外面装有两个代表子午圈和地平圈（通过南北极和天顶）的圆环。天轴的支架在子午圈上，与地平斜交36度，表示洛阳地区的北极切角，也就是洛阳的地理纬度。天球则一半露出地平之上，一半隐于地平之下，体现了浑天说的天象认识。

"漏水转浑天仪"的设计，几乎可以说包含了当时张衡所知的一切重要天文现象。利用这具前所未有的新奇仪器，就可以观测天象，可是也有不少人用来"预测吉凶"。张衡的这具仪器还是自动运转的，这就更使人吃惊。那么，张衡使用了什么方法，使他的这具浑天仪自行运转的呢？张衡是采用齿轮系，将浑象和计时用的漏壶联接起来，利用漏壶的流水产生力量，推动齿轮，从而带动浑象运转。张衡巧妙地、恰当地选择了齿轮的数目和齿数，因而使他设计的浑象每运转一周，就表示一昼一夜，将天象变化充分演示出来。

但张衡发明的"漏水转浑天仪"，并没有留传下来，因此它的复杂精密传动系统，至今只能猜测，虽然它的存在，历史上有明确记载。也许有一天经过考古学家的努力，在什么地方发掘出一具"漏水转浑天仪"，那么我们就可以知道这具用水力发动的天文仪器，是怎么样发生作用的。这并不能算是妄想，因为近年出土的文物，有许多都是我们意想不到的。不过，两千多年来中国历代承传，并不断做出改进的大型观天仪器——浑天仪，今天仍可看到。

在"漏水转浑天仪"的理沦基础上，唐代的梁令瓒，宋代的张思训、苏颂、韩公廉等，经过各种试验和改进，终于制成了世界上最早的天文钟。张衡的发明创造除了"地动仪"、"漏水转浑天仪"之外，还有瑞轮莫荚（一种机械日历）、相风铜鸡（类似西方20世纪才出现的候风鸡，作测定风向之用），因此由他来执笔创作科学幻想作品，是合情合理的事，别的人去写可能全是凭空臆度。

中国可以说是天文学最早发展的国家，到汉朝，对于天体运动和宇宙结构，就先后出现三种理论：盖天说、浑天说和宣夜说。《列子·天瑞篇》说过一个杞人忧天的故事："杞国有人忧天地崩坠，身亡所寄，废寝食者。又有忧彼之所忧者，因往晓之者曰：天积气耳，亡处亡气，若屈伸呼吸，终日在天中行止，奈何忧崩坠乎？其人曰：天果积气，日月星宿不当坠耶？晓之者曰：日，月星宿亦积气中之有光耀者。只使坠，亦不能有所中伤。其人曰：奈地坏何？晓之者曰：地积块耳，充塞四处，亡处亡块。若躇步跐蹈，终日在地上行止，奈何忧其坏？其人舍然大喜，晓之者亦舍然大喜。"

照这个故事说，天是气体，大地是硬块，日月星宿是发光的气体，那么天跌下来当然没有关系，杞人是太过担心了。至于大地，既为硬块，在上面行行走走，也不致踏坏，所以杞人一听，欣喜莫名。这种看法反映了宣夜说的观念，似乎亦能说明某些宇宙的现象，比如说认为天是气之所聚，即大气层。

最早创立的盖天说则认为天在上，地在下；天就像一个半圆形罩子，罩住平坦的大地。这种看法似较原始，表现了初民对天体运动和宇宙结构的简陋认识。

浑天说主张天是浑圆的，日月星宿会转入地下，而早期认为大地是平的；至东汉三国由陆绩等加以发展，就提出了大地为球形的概念，已是颇为完备的学说了。张衡是赞同浑天说的，他说："浑天如鸡子，天体圆形弹丸。地如鸡中黄，孤居于内。天大而地小。天表里有水。天之包地，犹壳之里黄。"这就是当时张衡构想的天地模型。然而张衡并不以为他这个模型便是整个宇宙，他相信在这个鸡蛋般的天壳之外，还有一个"未知"世界，因此说"宇之表无极，宙之端无穷"，这就接触到时空无限的问题了。与张衡差不多同时的郗萌，则又从另一个角度探讨了宇宙无限的思想。

张衡就是以浑天说为基础造浑天仪的。

为什么说我国殷代之前就有了车辆？

因为尚未发现实物，所以古书上夏代奚仲发明车辆的说法仍待他日考古发掘有所得时，才能加以验证。但1972年在河南安阳发现了一座殷代的车马坑，则证明当时的车辆已经颇为完善，因此古书上的记载，并非无稽之谈。比如，车子的附件和马饰就极齐备，包括踵饰、辔、轭首饰、轭颈饰、小兽面形铜饰、镞形的铜饰、铜鼻、轭脚饰等。假如车子不经一个长久时期的发展，车上的附件和马饰当然不可能如此考究，因此中国古代车辆似乎在殷代以前已存在。

目前我们能看到的中国最古车辆形象，就是根据殷商墓葬出土文物，重新加以复制而成的。复原出来的殷商车辆，就其形制而言，与西周时期的车辆，属于同一类型，都是双轮、方形或长方形车厢、独辕的车子。车辕后端压在车厢下的车轴之上，辕尾并稍稍在车厢后露出；车辕的前端缚有一根称为"衡"的横木，两旁系上人字形车轭，用以驾车。当时的车子，多数驾两匹马，但也有驾四匹马的。舆的后面留有开门以及缺口，以便乘坐者上下。为了使车辆坚固耐用，车体的关键部分多以青铜铸造；为了使车辆看来美观，更用铜、贝，甚至黄金等材料，在一些部位加上饰件。比如在铜车軎上，就装上金丝、银丝镶嵌的美丽纹饰；至于"衡"及轭顶，还挂上称为"銮"的铃子，有的更挂上八个之多。难怪《诗经·大雅·蒸民》篇中有"四牡骙骙，八鸾喈喈"的说法了。的确，这样的车辆，一旦行车，四匹马猛然奔驰，八个銮铃响彻四方，其堂皇气派，与现代人乘坐昂贵豪华轿车招摇过市，似乎并无两样。由此可以想见，中国古代车辆，无论是结构方面还是性能及装饰方面，都有极为先进和优越的成就。

中国古代的车子，到了先秦时代，大致分为"大车"和"小车"两大类。所谓"小车"，多用于战争，以及贵族出行。战国时代就更以一个国家拥有多少车辆而定强弱，因此有"千乘之国"、"万乘之君"一类的说法。因为小车具有特殊的作用，所以制造起来，非常考究，除了要顾及实用价值外，也要注重美观和气派。至

于大车，则主要用于载送，是"平地任载之具"。不过，当时制造车辆，是由专司其事的工艺部门负统筹之责的，《考工记》对此便有这样的说法："一器而工聚；焉者车为多。"

《考工记》的说法，并非臆想空谈。中国古代的车辆发展到秦代，已不光是制车工艺，而牵涉到许多有关的技术，比如冶金技术以及加工工艺，同时还顾及审美观了。因此，"一器而工聚"。从车辆的制作，便可以看到中国古人是如何善用各种工艺技术，并且能够融汇贯通，交互并用，形成复杂、精细的综合性技术。为了证明这一点，我们看一看 1980 年出土的"秦代大型彩绘铜马车"，便可以知道中国古代的制车工艺、车辆形制，已经发展到哪一个阶段了。

这一辆铜马车与另一辆同样大小的铜马车一同出土，经过整理之后，大致上恢复原状。这辆铜马车是模型车，大小约为实物的一半，但其结构完全仿照实物，各个部分均按比例铸造，因此被公认为世界上目前保存最完整、结构最清楚、零件最齐全的古车模型。

铜马车为双轮、独辕，其上并有篷盖，前驾四匹铜马，兼有铜御官一尊。车舆分为前后两部分：前部方形，左边开门，为驾车御手座位；后部长方形，是乘者乘坐的地方。车舆四周有厢板，上面的蓬盖好像龟甲，将车舆前后两个部分罩在下面。车厢两侧及前方，各开一窗；窗上装有镂空的菱花纹的窗板，可以随意开关。车厢后面开门，是单扇门，用活铰链与右门框相连，左旁装曲柄银质门闩。整个车舆就像轿子一样，可供人坐卧歇息，安稳而舒适，因此古代就有安车之名。还因为车窗可开可关，调节温度，所以又称辒车。据说公元前210年，秦始皇出巡时，病死于沙丘平台（今河北邢台平乡县），李斯恐防天下有变，密不发丧，就是用这种车子将秦始皇的遗体运回咸阳的。

铜马车车体内外，都画有菱纹、卷云、变相夔龙夔凤纹，极尽堂皇华丽之能事。四匹铜马则不但体态匀称，且都合乎解剖学的原理，炯炯有神，栩栩如生。车上的结构、零件、装饰、佩件等，除用铜铸外，还大量使用金、银制造；各项构件莫不接合严密，加工精细，呈现出极高的整铸、分铸、铸接和铸焊的铸造技术，而造型之美，不论人马、对象、彩绘图案，都足令人叹为观止。

正因为中国古人在先秦时代，就有了这么高超的工艺水平，所以到汉代，出现《西京杂记》所载的"记道车"，便不是什么奇事了。记道车，又称记里鼓车，中国古籍史如《晋书》、《宋书》、《南齐书》、《隋书》、《贞观政要》、《旧唐书》、《皇朝类苑》等，均有记载。五代马缟的《中华古今注》中有一段话，对记里鼓车作了简明扼要的介绍："记里鼓车，所以识道里也，谓之大章车。起于西京。亦曰记里车。车上有二层，皆有木人焉。行一里下一层击

鼓，行十里上一层击鼓。"

看了这一段记载，我们才知道中国古籍中有关记录里程的文字，并非凭空捏造，因为中国古人早就懂得如何自动记录行车的里程。换言之，记里鼓车可以在车辆前进时，利用车轮的转动，自动将车行里数计出来；这就和现代汽车上的里数表，以及计程车上的收费表的作用相同。

根据《西京杂记》记载："汉朝舆驾祠甘泉汾阴，备千乘万骑。太仆执辔，大将军陪乘，名为大驾。司南车，驾四（由四匹马去拉），中道。辟恶车，驾四，中道。记道车，驾四，中道。"可知汉代就有了此种车辆。这的确是一项了不起的发明，因为要使车辆能够自动计里程，牵涉到齿轮的传动作用；而从汉墓出土的齿轮看来，当时的造车匠人，已经懂得用一系列的齿轮，非常精确地将一个轴的回转运动，传送到另一个轴之上，使其也发生回转运动，而且同速运转，同时还可变快或变慢，以及改变回转的方向。

汉代还有一种供皇帝出巡使用的车辆，似乎是从记里鼓车演变而来的。《金石索》石部卷一收有一幅汉墓的石拓本，可见此车形制。车下层坐着四名乐师，正在奏乐，上层另有两人击鼓，鼓上还系有两铃。皇帝出巡，用上这种乐车，真是乐鼓齐鸣，场面壮观，很有帝王气派！

有关记里鼓车的构造，《宋史》卷一百四十九《舆服志》中，有极详细的记载。根据这些记载，近人王振铎按照张荫麟在《清华大学学报》第二卷第二期上所刊《卢道隆、吴德仁记里鼓车之造法》一文，制出了记里鼓车的复原模型。王振铎这个模型，只造出一层，主要用以证明记里鼓车的机械运作，不过对照汉墓从记里鼓车改良的乐车拓本，仍可想见真正的记里鼓车到底是什么模样。

根据一位著名机械史家的解释，卢道隆、吴德仁提出的记里鼓车造法，在构造上如按各轮的齿数计算虽然都算合理，但所记各轮齿的周节（即轮齿间相距的尺寸），则多有不合，很难使齿轮相互衔接而继续传动，也许是原记载出了错误。王振铎仿造的记里鼓车，是否有传动上的问题，恐怕要我们亲身去试坐才知道了。

公元前 80 年，中国就发明了记里鼓车。这也许是人类历史上最早出现的计算里程的机械装置。

古代希腊也有作用相同的设计，但比中国的晚了 100 多年（公元 60 年），是以一些小球，每隔若干距离即自动掉进一个容器的方法计算里程的。根据历史记载，公元 192 年，希腊仍以此法计算里程，但此后即湮没无闻，至 15 世纪"文艺复兴"时代，才由达·芬奇重新设计。

有关记里鼓车的构造，《宋史·舆服志》记述颇详，而且有卢道隆和吴德仁两人，先后加以仿造。《宋史》的记载，对记里鼓车的外观也有描述："赤质，四面画花鸟，重台勾栏镂拱。"

这种车子原来是涂成大红色的，还画上花鸟图案，色彩斑斓，不知有什么用途。然而这种车子的构造极不简单。国际闻名的英国研究中国科技史学者李约瑟就曾对记里鼓车颇有好评。李约瑟还说记里鼓车用的钝齿，在西方要到 1490 年才知道其用途。

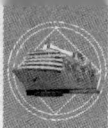

　　记里鼓车的实物虽未有发现，不过根据汉代的石拓，也略可知其形制。中国古代的工艺技术发展到汉代，事实上是有可能发明这种车子的。

现代科技发明篇

人文科技

为什么会发明手表？

如今人们手腕上佩戴的表既便宜走得又准，几乎人人都戴表，并且只要看一下就能说出时间。然而早期的情况不是这样的。最早出现的钟很大，使得一些人要将之佩戴于手腕上的想法显得荒谬而可笑。

早期的钟以可动钟锤为动力，因此它们在搬运时就不能工作。但 15 世纪，钟表制造者学会了用一卷弹簧或发条来作为钟的动力。这类机械装置不像早期的钟锤那样受活动的影响。

17 世纪初，第一批以卷成圈的弹簧为动力的表生产出来了。可是它们并不十分准确。由于荷兰人克里斯蒂安·惠更斯在 1657 年发明了游丝，表得到了大大的改进。游丝对表的运转进行调节，使它更为准时。

第一次世界大战期间，一名士兵为了看表方便，把表绑扎固定

在手腕上。举起手腕便可看清时间，比原来方便多了。1918年，瑞士一个名叫扎纳·沙奴的钟表匠，听了那个士兵把表绑在手腕上的故事，从中受到启发。经过认真思考，他开始制造一种体积较小的表，并在表的两边设计有针孔，用以装皮制或金属表带，以便把表固定在手腕上，从此，手表就诞生了。

所有这些早期的表看上去全都像是小型的钟，而且都被设计成能放进衣袋里携带。手腕上佩戴的表是在19世纪80年代作为一种时兴的饰品才出现的。然而到了20世纪，手表变得流行起来。现在大多数人都佩戴手表，无论在什么地方随时都能知道时间。

现在，大多数人都有一只石英表。这种表装有一枚很小的石英晶体，按照一定的频率振动，手表把石英振动转变为指针运动。

为什么会发明眼镜？

据中外史籍记载，眼镜最早起源于中国，是从中国传到外国的。在西方国家，眼镜最早出现在 13 世纪末叶。当时有个意大利人名叫马可波罗，他曾旅居中国 17 年，为元朝宫廷办事，跑遍中国各地。当时他见到元朝宫廷里有人戴眼镜，他对此很感兴趣，于是在他回国时就把眼镜传到了西方，所以在西方最早制造眼镜的地方是马可波罗的故乡威尼斯。另外，马可波罗的游记中还有老年人戴眼镜阅读小说及小字的记载。

最原始的眼镜是起源于透镜（放大镜）。它的制造、应用与光学透镜的出现有密切的相关。相传最初发现眼镜能使物体像放大的光学折射原理是在日常生活中偶然察觉的。当时有人看到一滴松香树脂结晶体上恰巧有只蚊子被夹在其中，通过这松香晶体球，看到这只蚊子体形变大，由此启发了人们对光学折射作用的认识，进而利用天然水晶琢磨成凸透镜，来放大微小物体，用以谋求解决人们视力上的难题。这就是我国眼镜的雏形时期。

据《世界之最》介绍："公元前 2283 年，中国皇帝就通过透镜来观察星星。眼镜是从中国传到外国的。孔子说中国那时就有人戴水晶和其他透明矿物质做成的眼镜，用来医治眼睛或遮避阳光。"

　　13 世纪的元代，我国已能利用水晶的折射率做成眼镜，帮助解决视力不足的问题，但当时戴眼镜的人并不多。由于加工技术的限制，当时只有老花镜，并限于宫廷内流传。皇帝常常将其作为御品赐给年老大臣，以矫正视力老花的缺陷。从此眼镜进入了人类的生活。以后为了便于使用，有的将镜片缝在帽子上，有的装在铁圈里。

　　16 世纪才开始出现架在鼻梁上的双片镜，在镜架两端系上线挂在耳朵上。以后眼镜架不断改进，逐渐由繁而简，由粗糙到精巧。镜框有纸圈、漆皮、牛角、玳瑁、铜圈等。这些不同镜框一直延至清代后期，才开始被镜脚代替，这样既美观又方便，以至出现了戴眼镜（平光镜）的潮流。清乾隆时，李行南的《中江竹枝词》中有"少年不尽风流态，理聪斜窥红粉妆"之句，就是指江南一带人以戴眼镜为时髦，亦有在结婚礼仪时，新娘用有色眼镜掩羞容。

　　我国眼镜的取材和形式随着时代的进步和工业、手工业生产的发展而不断变化。我国最古老的眼镜只有一块镜片，不带边框，手持使用。后来为了手持方便，则把镜片用木质（后用金属）作边框，固定在一个单柄边框上，仍然是手持使用（如当今的单柄放大镜）。清明之际，姑苏（今苏州）上方山一带用水晶制成的镜片装在单柄铜框上，叫做单柄眼镜。苏州乃是我国水晶眼镜生产之盛地。此地生产的眼镜流传古今，遍销全国，相传海外。

随着时代的进步和发展，人们开始把两个单镜经过针销或铆合连接在一起，用绳带牵挂在头或帽子上，利用压力把它夹在鼻梁上使用。最古老的镜架（边框）为木制、纸制、动物角质、皮革和玳瑁甲等材料，后来相继发展到采用金属材料如铜、铁、金、银及现代的各种合金、镀金、包金、K金、不锈钢和塑胶材料。

眼镜既是保护眼睛的必需品，又是一种美容的装饰品。从镜片的功能上讲，它具有调节进入眼睛之光量、增加视力、保护眼睛安全和临床治疗眼病的作用，对屈光异常引起的儿童斜视和伴有头疼的屈光异常患者，配戴眼镜后均可治疗。而眼镜架的功能，除其为镜片配套构成眼镜戴在人的眼睛上起到支架作用外，它还具有美容、装饰性。现代流行者强调，眼镜要能与时代人的面部化妆及服饰相和谐，反映社会阶层高、学问高不空、时尚等特征。

为什么人力飞机被称为
"空中自行车"？

在近代人力飞机的发展过程中，英国的克莱默奖起了很大的促进作用。

1960年1月，英国皇家航空学会宣布，微电池公司主席兼经理、工业家克莱默提供了一笔5000英镑的奖金，授予能实现8字飞行的人力飞机。条件规定人力飞行必须完全依靠人力从地面起飞，绕相距800米的两根立柱飞出一条8字形航线，飞行高度要超过3米。

1967年，仅英国就制造了十几架人力飞机，但没有一架能完成8字航线的飞行。克莱默在失望之际决定将奖金由5000英镑提高到10000英镑，并宣布此项奖金不再局限于本国，而是面向全世界。1973年，世界上的人力飞机超过30架，但仍没有人能够完成此项飞行。于是克莱默又将奖金提高到50000英镑。这样克莱默奖一举超过诺贝尔奖，成为航空史上金额最大的一笔奖金。面对克莱默奖的巨额诱惑和飞行难题的挑战，英、日、法、美等国积极进行研制工作，展开激烈竞争。

1961年11月，由英国骚桑普敦大学的学生们制造的第一架由人力从地面自行起飞的人力飞机试飞成功。这架人力飞机具有自行车式驱动的推进螺旋桨，翼展 24.4 米，重 58 公斤，最远飞行了 600 米的距离，离地约 1.5 米。

此后不久，英国霍克·西德利宇航公司的职工制造出一架更精致的人力飞机——"海鸭号"，并在 1962 年创造了直线飞行 908 米的纪录。这个纪录一直保持了 10 年，直到 1972 年，才被英国空军研制小组的"木星"号人力飞机所打破。

"木星"号人力飞机长 9 米，翼展 24.38 米，重 66 公斤。1972 年 6 月，它创造了人力飞机直线飞行距离 1070 米的新纪录，留空时间为 1 分 47 秒。它的特点是把螺旋桨由机尾移至机身中部的桨架上，从而简化了传动机构，提高了螺旋桨的效率。

日本从 20 世纪 60 年代开始研究人力飞机，日本的大学生用 3 年时间制造了"红雀"号人力飞机。后来又在"木星"号的启发下，研制成功"白鹤"号人力飞机。"白鹤"号飞行距离多次超过 500 米，并完成了 180°转弯。1976 年 11 月，还创造了 2093 米的飞行成绩，成为克莱默奖的有力争夺者。

1976 年，美国加利福尼亚州的航空工程师麦克里迪制造了一架奇特的人力飞机——"飘忽秃鹰"号。麦克里迪曾经是一名优秀的滑翔运动员，还是伞翼滑翔的爱好者，他在设计中打破了最流行的人力飞机的设计方案，而应用了伞翼滑翔的原理。

"飘忽秃鹰"号翼展长 30 米，重 32 公斤，翼表面蒙着一块极薄的薄膜，大机翼下方有一个驾驶座，座前挡了一块流线型挡板。驾驶座下方是一对脚蹬，它用传动链条带动飞机后方的双叶螺旋桨。机身前方伸出一根细长的铝管，管的前端安装了一只鸭式前

翼，用来操纵飞机的飞行。飞行员是24岁的运动员布鲁安·艾伦，他在短时间内可蹬出1.2马力。

1977年8月23日，"飘忽秃鹰"号人力飞机飞行了7分28秒，航程2173米，不仅作了直线飞行，而且顺利完成了8字航线的飞行，从起飞到着陆，飞越指定标志线时，离地距离超过了3米。麦克里迪因此获得了举世瞩目的克莱默奖。

为什么说汽车"载着时代向前奔驰"？

汽车改变了整个人类的交通状况，拥有汽车工业成了每一个强大工业国家的标志。

汽车走过这样一段历史：1771年，法国人居纽设计出蒸汽机三轮车；

1860年，法国人雷诺制造出了以煤炭瓦斯为燃料的汽车发动机；

1885年，德国人本茨和戴姆勒各自完成了装有高速汽油发动机的机车和装有二冲程汽油发动机的三轮汽车，并且成功企业化；

1908年，美国人福特采用流水式生产线大量生产价格低、安全性能高、速度快的T型汽车，汽车的大众化由此开始；

1912 年，凯迪拉克公司推出电子打火启动车，使妇女也开始爱上汽车；

1926 年，世界第一家汽车制造公司戴姆勒·本茨公司成立；

1934 年，第一辆前轮驱动汽车面世；

1940 年，二战令许多汽车制造商停产，欧洲车商开始转向生产军用车辆；50 年代，德国沃尔沃的甲壳车轿车一经推出就成为最受欢迎的汽车；

1970 年到 2000 年，日本车在亚洲走俏，丰田、本田、三菱以及日产特高技术小型车入侵欧美市场，改写了欧美牌子垄断的局面。

实际上，汽车的发明使人类的机动性有了极大的提高，使 20 世纪人类的视野更加开阔，更追求自由。当然，汽车工业的发展也带来了道路拥挤、占用土地资源、大气污染和高昂的车费等问题。但不管怎么说，汽车确实载着人类向前发展，向前奔驰。

为什么说电话掀开了人类通信史的新篇章？

"沃森先生，请立即过来，我需要帮助！"这是 1876 年 3 月 10 日电话发明人亚历山大·贝尔通过电话成功传出的第一句话。电话从此诞生了，人类通讯史从此掀开了一个全新的篇章。

人类进行无线通讯的梦想则是 1973 年在美国纽约实现的。当时，这台世界上第一个实用手机体积大，重达 1.9 公斤，是名副其实的"大哥大"。

1964 年是人类通信史上另一个重要转折点。这年夏天，全世界成千上万的观众第一次通过电视收看由卫星转播的日本东京奥林匹克运动会的实况。

这是人类有史以来第一次通过电视屏幕同时间观看千里之外发生的事，人们除了感叹奥运精彩壮观的开幕式和各种比赛外，更惊叹于科技的进步。这一切都归功于哈罗德·罗森发明的地球同步卫星。

1969 年夏天，国际互联网的雏形在美国出现，它由四个电脑网站组成，一个在加州大学分校，另外三个在内华达州。1972 年，实验人员首次在实验网络上发出第一封电子邮件，这标志着国际互联网开始与通讯相结合。到了 90 年代，国际互联网开始转为商业用途。1995 年网络发展到第一个高潮，这一年被称为国际互联网年。在电子商业浪潮的推动下，国际互联网在 21 世纪对人类社会的影响将更加深远。

为什么最早的有轨机车
叫做"火车"?

17 世纪初,法、德交界处的矿井已经开始使用马来拉动有轨货车。

自从 1781 年瓦特制造的蒸汽机问世以后,就被首先应用于矿井内的排水泵或煤斗吊车上。与此同时,人们也在考虑怎样把静置的蒸汽机搬到交通工具上,变成动态的机械。然而,蒸汽机小型化、车轮在轨道上不打滑、汽缸的排气、锅炉的通风等一系列问题都有待于进一步解决。

英国人理查德·特里维西克经过多年的探索、研究之后,终于在 1804 年制造了一台单一汽缸和一个大飞轮的蒸汽机车,牵引了 5 辆车厢,以时速 8 公里的速度行驶,这就是在轨道上行驶的最早的机车。由于当时使用煤炭或木柴做燃料,就把它叫作"火车"了。有趣的是,当时这台机车,没有设计驾驶座,驾驶员只能够跟在车子旁,边走边驾驶。4 年后,特里维西克又制造了"看谁能捉住我"号机车,载人行驶。可是,由于轨道无法承受火车的重量,机车本身也存在不少问题,行驶时不是非常安全,在一次运行途中,机车出了轨,于是就停止使用了。

同时，史蒂文森也在积极改进火车的性能，并且取得了很大的进展。1814年，他制造了一辆有两个汽缸、能牵引30吨货物、可以爬坡的火车。渐渐地，人们开始意识到，火车是一种很有前途的交通运输工具。不过，当时的马车业主们极力加以反对。

1825年，在斯托克顿与达林顿之间开设了世界上第一条营业铁路，于是史蒂文森制造的"运动"号列车运载旅客以时速24公里的速度行驶其间。虽然火车已经加入了运输的行列，但马车仍在铁路上行驶。甚至到了1829年，曼彻斯特至利物浦间的铁路铺成后，为了决定采用火车还是马车，还举行了一次火车和马车的比赛，最后史蒂文森的儿子改进的"火箭号"获胜。"火箭号"长6.4米、重7.5吨，为了使火燃烧旺盛，它还装了4.5米高的烟囱。同时牵引乘坐30人的客车以平均时速22公里行驶，比当时的四套马车快两倍以上，充分显示了蒸汽机车的优越性。于是这条铁路就采用火车了。从此以后，火车终于取代了有轨马车。后世的人们称史蒂文森为"蒸汽机车之父"。

为什么磁悬浮列车能够高速运行？

磁悬浮列车是一种利用磁极间吸引力和排斥力来运行的高科技交通工具。简单地说，排斥力使列车悬起来、吸引力让列车开动。

列车上装有电磁体，铁路底部则安装着线圈。通电后，地面线

圈产生的磁场极性与列车上的电磁体极性总保持相同，两者"同性相斥"，排斥力使列车悬浮起来。铁轨两侧也装有线圈，交流电使线圈变为电磁体。它与列车上的电磁体相互作用，使列车前进。列车头的电磁体（N 极）被轨道上靠前一点的电磁体（S 极）所吸引，同时被轨道上稍后一点的电磁体（N 极）所排斥——一"推"一"拉"。

磁悬浮列车运行时与轨道保持一定的间隙（一般为 1～10 厘米），因此无摩擦、运行安全、平稳舒适、无噪声，可以实现全自动化运行。

磁悬浮列车车辆使用寿命可达 35 年，而普通轮轨列车只有 20～25 年。磁悬浮列车的路轨寿命是 80 年，普通路轨为 60 年。

磁悬浮列车启动后 39 秒即达到最大速度，目前的最高时速是 552 公里。据德国科学家预测，到 2014 年，磁悬浮列车采用新技术

后，时速将达 1000 公里。而一般轮轨列车的最高时速为 300 公里。
上海现已建成的磁悬浮列车线，据说最高时速为 500 公里。

磁悬浮列车采用电力驱动，无任何有害气体排放。

为什么说"激光革命"意义非凡？

现代社会中，信息的作用越来越重要，谁掌握的信息越迅速、越准确、越丰富，谁也就更加掌握了主动权，也就有更多成功的机会。激光的出现引发了一场信息革命，从 VCD、DVD 光盘到激光照排，激光的使用大大提高了效率，以及方便人们保存和提取信息，"激光革命"意义非凡。激光的空间控制性和时间控制性很好，对加工对象的材质、形状、尺寸和加工环境的自由度都很大，特别适用于自动化加工，激光加工系统与计算机数控技术相结合可构成高效自动化加工设备，已成为企业实行适时生产的关键技术，为优质、高效和低成本的加工生产开辟了广阔的前景。目前，激光技术已经融入我们的日常生活之中了，在未来的岁月中，激光会带给我们更多的奇迹。

激光是现代新光源，具有方向性好、亮度高、单色性好等特点而被广泛应用，如激光测距、激光钻孔和切割、地震监测、激光手术、激光唱头等。激光武器产生的独特烧蚀效应、激波效应和辐射效应，已被广泛运用于防空、反坦克、轰炸机等方面，并已显示了它的神奇威力。

激光通信发展历程如何？

激光通信，是激光在大气空间传输的一种通信方式。激光大气通信的发送设备主要由激光器（光源）、光调制器、光学发射天线（透镜）等组成；接收设备主要由光学接收天线、光检测器等组成。

信息发送时，先转换成电信号，再由光调制器将其调制在激光器产生的激光束上，经光学天线发射出去。信息接收时，光学接收天线将接收到的光信号聚焦后，送至光检测器恢复成电信号，再还原为信息。大气激光通信的容量大、保密性好，不受电磁干扰。但激光在大气中传输时受雨、雾、雪、霜等影响，衰耗要增大，故一般用于边防、海岛、跨越江河等近距离通信，以及大气层外的卫星间通信和深空通信。

早期的激光大气通信所用光源多数为二氧化碳激光器、氦-氖激光器等。二氧化碳激光器输出激光波长为 10.6 微米，此波长正好处在大气信道传输的低损耗窗口，是较为理想的通信光源。从 20 世纪 70 年代末到 80 年代中期，由于在技术实现上难以解决好全天候、高机动性、高灵活性、稳定性等问题，激光大气通信的研究陷

入低潮。

1988 年，巴西宣布研制成功一种便携式半导体激光大气通信系统。这种通过激光器联通线路的军用红外通信装置，其外形如同一架双筒望远镜，在上面安装了激光二极管和麦克风。使用时，一方将双筒镜对准另一方即可实现通信，通信距离为 1 千米，如果将光学天线固定下来，通信距离可达 15 千米。1989 年，美国成功地研制出一种短距离、隐蔽式的大气激光通信系统。1990 年，美国试验了适用于特种战争和低强度战争需要的紫外光波通信，这种通信系统完全符合战术任务的要求，通信距离为 2～5 千米；如果对光束进行适当处理，通信距离可达 5～10 千米。

90 年代初，俄罗斯研制成功了大功率半导体激光器，并开始了激光大气通信系统技术的实用化研究。不久便推出了 10 千米以内的半导体激光大气通信系统并在莫斯科、瓦洛涅什、图拉等城市应用。在瓦涅什河两岸相距 4 千米的两个电站之间，架设起了半导体激光大气通信系统，该系统可同时传输 8 路数字电话。在距离瓦洛涅什城约 200 千米以及在距莫斯科不远的地方，也开通了半导体激光大气通信系统线路。

随着半导体激光器的不断成熟、光学天线制作技术的不断完善、信号压缩编码等技术的合理使用，激光大气通信正重新焕发出生机。

为什么数字电视清晰、节目丰富？

简而言之，数字电视就是指从演播室到发射、传输、接收的所有环节都是使用数字电视信号或对数字电视信号进行处理和调制的全新电视系统。该系统所有的信号传播都是通过由 0、1 数字符串所构成的数字流来传播的，数字信号的传播速率是每秒 19.39 兆字节，如此大的数据流的传递保证了数字电视的高清晰度，克服了模拟电视的先天不足。

同时还由于数字电视可以允许几种制式信号的同时存在，每个数字频道下又可分为几个子频道，从而既可以用一个大数据流——每秒 19.39 兆字节，也可将其分为几个分流，例如 4 个，每个的速度就是每秒 4.85 兆字节。这样虽然图像的清晰度要大打折扣，却可大大增加信息的种类，满足不同的需求。

例如在转播一场体育比赛时，观众需要高清晰度的图像，电视台就应采用每秒 19.39 兆字节的传播；而在进行新闻广播时，观众注意的是新闻内容而不是播音员的形象，所以没必要采用那么高的清晰度，这时只需每秒 3 兆字节的速度就可以了，剩下 16.39 兆字节可用来传输别的内容。

目前对数字电视的具体解释主要有两种：

20 世纪 80 年代 ITT 公司研制了一套数字处理芯片，在接收模拟电视信号的情况下，再经模拟高中频处理，最后经模（数）转换成数字信号进行数字处理，以改进图像清晰度。90 年代又出现多种具有画中画、倍行和其他质量的、改进的"数字电视机"，不过这些电视机接收的仍是模拟电视信号，仍处于模拟传输的模拟系统中，所以只能称为"数字模拟电视机"，并不是真正意义上的数字电视。

美国的"数字电视机"（简称 DTV）专指地面数字电视广播系统。在这种系统中，除了目前节目制作中还有一部分是模拟的以外，从演播室到发射、传输、接收的所有环节都是使用数字电视信号或对数字电视信号进行处理和调制。而也只有这种接收地面数字电视广播信号的电视机才是名副其实的数字电视机。

电子计算机是如何发明的？

帕斯卡尔最先制造出的机器演化计算机，标志着计算进入了机械时代。1834 年，英国数学家巴贝奇提出用穿孔卡片携带计算指令控制计算过程的设想。1937 年，美国人艾肯设计了和巴贝奇方案类似的计算机。到 1944 年，这台使用继电器的机电式计算机研制成功并投入使用。差不多和艾肯同时代，德国人也试制成功了类似的计算机。

1945 年底，美国的埃克特和莫希莱等人研制的第一台电子计算机出世了。1944 年 8 月到 1945 年 6 月，在冯·诺伊曼的领导下，研制小组制定了新的改进方案。按照这一新的设计，1949 年英国首先研制出程序内存计算机，它有一个可以贮存一千多个数据的存储器。后来，美国也研制、生产和使用了程序内存计算机。1956 年，用晶体管制成了电子计算机，这是第二代电子计算

机，其运算速度成百倍地增长。20 世纪 60 年代初期，集成电路取代了晶体管，出现了第三代计算机。到 20 世纪 70 年代，大规模集成电路在计算机中取代集成电路，电子计算机进人了第四代。目前计算机技术仍在发展之中。

为什么太阳能可以进行热发电？

地球所接受的太阳能功率，平均每平方米为 1353 千瓦，这就是所谓的"太阳常数"。也就是说，太阳每秒钟照射到地球上的能量约为 500 万吨煤的能量。这些能量比目前全世界人类的能耗量大 3.5 万倍。很久以来，人们都在不同程度地利用着其能量。最近，温水器的直接利用，空调、太阳能电池的电力供给以及太阳能住房等方面都有了很大发展。

太阳能转换为电能有两种基本途径：一种是把太阳辐射能转换为热能，即"太阳热发电"；另一种是通过光电器件将太阳光直接转换为电能，即"太阳光发电"。

太阳热发电，全世界以以色列的技术最为先进。吸取加州的技术，巴西、印度、摩洛哥正在计划进行设备的建设，世界银行已开始提供资金给开发中的国家。

入射到地球表面的太阳能是广泛而分散的，要充分收集并使之发挥热能效益，就必须采取一种能把太阳光发射并集中在一起，变成热能的系统。一种方法是把太阳光集中在一起加热，转换成为高温水蒸气，以蒸汽涡轮机变换为电。也可以采用抛物面型的聚光镜将太阳热集中，使用计算机让聚光镜追随太阳转动。后者的热效率很高，将引擎放置在焦点的技术发展的可能性最大。

除了太阳热发电技术外，目前人类社会也在大力开发太阳光技术。太阳辐射的光子带有能量，当光子照射半导体材料时，光能便转换为电能，这个现象叫"光生伏打效应"。太阳电池就是利用光生伏打效应制成的一种光电器件。

太阳能电池与普通的化学电池（干电池、蓄电池）完全不同，是一种物理性质电源。虽然太阳光一照射太阳能电池就能发电，但它与一般的发电机大相径庭，它无旋转和磨损，能静悄悄地发电。

为什么太阳能电池应用广泛？

电池行业是 21 世纪的朝阳行业，发展前景十分广阔。在电池行业中，最没有污染、市场空间最大的应该是太阳能电池，太阳能电池的研究与开发越来越受到世界各国的广泛重视。

太阳能电池是一种近年发展起来的新型的电池。太阳能电池是利用光电转换原理使太阳的辐射光通过半导体物质转变为电能的一

种器件，这种光电转换过程通常叫做"光生伏打效应"，因此太阳能电池又称为"光伏电池"。

制造太阳能电池的半导体材料已知的有十几种，因此太阳能电池的种类也很多。目前，技术最成熟，并具有商业价值的太阳能电池要算硅太阳能电池了。

1953年美国贝尔研究所首先应用这个原理试制成功硅太阳电池，获得6％光电转换效率的成果。太阳能电池的出现，好比一道曙光，尤其是航天领域的科学家，对它更是注目。

这是由于当时宇宙空间技术的发展，人造地球卫星上天，卫星和宇宙飞船上的电子仪器和设备，需要足够的持续不断的电能，而且要求重量轻，寿命长，使用方便，能承受各种冲击、振动的影响。太阳能电池完全符合这些要求。

空间应用范围有限，当时太阳能电池造价昂贵，发展受到限制。20世纪70年代初，世界石油危机促进了新能源的开发，太阳能电池开始转向地面应用，技术不断进步，光电转换效率提高，成本大幅度下降。时至今日，光电转换已展示出广阔的应用前景。

太阳能电池近年也被人们用于生产、生活的许多领域。1974年世界上第一架太阳能电池飞机在美国首次试飞成功，这激起人们对太阳能飞机研究的热潮，太阳能飞机从此飞速地发展起来。只用了六七年时间，太阳能飞机便从最初的飞行几分钟，航程几公里发展到飞越英吉利海峡。现在，最先进的太阳能飞机，飞行高度可达2万多米，航程超过4000公里。另外，太阳能汽车也发展很快。

在建造太阳能电池发电站上，许多国家也取得了较大进展。

1985 年，美国阿尔康公司研制的太阳能电池发电站，用 108 个太阳板，256 个光电池模块，年发电能力 300 万度。

德国 1990 年建造的小型太阳能电站，光电转换率可达 30% 多，适于为家庭和团体供电。

1992 年美国加州公用局又开始研制一种"革命性的太阳能发电装置"，预计可提供加州 1/3 的用电量。用太阳能电池发电确实是一种诱人的方式，据专家测算，如果能把撒哈拉沙漠太阳辐射能的 1% 收集起来，足够全世界的所有能源消耗。

在生产和生活中，太阳能电池已在一些国家得到了广泛应用，在远离输电线路的地方，使用太阳能电池给电器供电是节约能源、降低成本的好办法。

芬兰制成了一种用太阳能电池供电的彩色电视机，太阳能电池板就装在住家的房顶上，还配有蓄电池，保证电视机的连续供电，既节省了电能又安全可靠。

日本则侧重把太阳能电池应用于汽车的自动换气装置、空调设备等民用工业。我国的一些电视差转台也已用太阳能电池为电源，投资省，使用方便，很受欢迎。

当前，太阳能电池的开发应用已逐步走向商业化、产业化；小功率、小面积的太阳能电池在一些国家已大批量生产，并得到广泛应用；同时人们正在开发光电转换率高、成本低的太阳能电池；可以预见，太阳能电池很有可能成为替代煤和石油的重要能源之一，在人们的生产、生活中占有越来越重要的位置。

热水器是太阳能热利用中商业化程度最高、应用最普遍的技

术。1998 年世界太阳能热水器的总保有量约 5400 万 m2。塞浦路斯和以色列人均使用太阳能热水器面积居世界首位，分别为 $1 m^2$/人。日本和以色列太阳能热水器户用比例分别为 20% 和 80%。21 世纪热水器将仍然是太阳能热利用的最主要市场之一。目前虽然太阳能热水器在许多国家都得到了较普遍应用，但世界太阳能热水器的平均用户比例还非常低，约 1%～2%，同日本的 20% 和以色列的 80% 相比，相差很远；此外，服务业、旅游业、公共福利事业等中低温热水应用市场也非常大。1997 年世界太阳能热水器的市场约 7 亿美元。2015 年世界人口约 70 亿，如果热水器用户比例达到 20%（日本今天的水平），社会经济的发展和环境效益的改善将非常显著。

同样，太阳能建筑发展也很迅速。20 世纪 80 年代国际能源组织（IEA）组织 15 个国家的专家对太阳能建筑技术进行联合攻关，欧美发达国家纷纷建造综合利用太阳能示范建筑。试验表明，太阳能建筑节能率为 75% 左右，已成为最有发展前景的领域之一。建筑能耗占世界总能耗的 1/3，其中空调和供热能耗占有相当大的比例，是太阳能热利用的重要市场。太阳能建筑的发展不仅要求建筑师和太阳能专家互相密切合作，而且要求在概念、技术上相互融合、渗透、集成一体，形成新的建筑概念和设计。

太阳能建筑集成不仅要求有高性能的太阳能部件，同时要求高效的功能材料和专用部件，如隔热材料、透光材料、储能材料、智能窗（变色玻璃）、透明隔热材料等，这些都是未来技术开发的内容。

为什么商品上会有条形码？

妈妈带玲玲去超市买东西，看着琳琅满目的商品，玲玲很兴奋，开心地帮妈妈选购。但是细心的她很快有了疑问，她拿起一个玩具，问妈妈："这个玩具上面没有贴价格的标签，这里面好多好多的东西都没有贴价格，那一会儿收银员阿姨怎么知道每件商品的价格呢？难道她要记住所有东西的价格吗？"

妈妈笑着对她说："阿姨当然不用辛苦地记住所有物品的价格，因为每个商品都有条形码啊。"

那么条形码到底是什么呢？为什么会那么厉害地减轻收银员阿姨的工作量呢？

商品条形码是指由一组规则排列的条、空及其对应字符组成的标识，用以表示一定的商品信息的符号。用于条形码识读设备的扫描识读。其对应字符由一组阿拉伯数字组成，供人们直接识读或通过键盘向计算机输入数据使用。这一组条空和相应的字符所表示的信息是相同的。

商品条形码是实现商业现代化的基础，是商品进入超级市场、

POS 扫描商店的入场券。在扫描商店，当顾客采购商品完毕在收银台前付款时，收银员只要拿着带有条码的商品在装有激光扫描器的台上轻轻掠过，就把条码下方的数字快速输入电子计算机，通过查询和数据处理，机器可立即识别出商品制造厂商、名称、价格等商品信息并打印出购物清单。这样不仅可以实现售货、仓储和订货的自动化管理，而且通过产、供、销信息系统，使销售信息及时为生产厂商所掌握。

目前世界上大约有 70 万家 POS 扫描商店。事实上，条形码已成为商品进入超市的必备条件。商品条形码化是企业提高市场竞争力、扩大外贸出口的必由之路，是实现生产流通环节自动化的前提条件，同时也是制造商适时调整产品结构的技术保障。近年来，我国许多城市（如北京、上海等）已有文件规定，所有无条码商品不得进入超市。

为什么气象站里的百叶箱
要涂成白色？

一提起气象站，人们首先想到的就是小巧玲珑的百叶箱及其高高杆子上的风向标和风杯。小小百叶箱很神秘，里边到底装的啥？为什么被刷得白白的呢？

百叶箱是专门用来安放测试空气温度和湿度仪器的容器。箱门朝北，箱底离地面有一定高度。这样构造的百叶箱，可使箱内的仪器免受太阳光直接照射以及降水、强风的影响，而仍可保证箱内外空气的自由流通。换句话说，百叶箱是防止太阳对仪器的直接辐射和地面对仪器的反射辐射，保护仪器免受强风、雨、雪等的影响，并能真实地感应外界空气温度和湿度的变化的仪器。

打开百叶箱，你就可以看见里边摆放着几种温度表，有最高温度表、最低温度表、干球温度表和湿球温度表。干球温度表主要用于观测大气的温度。干球温度表和湿球温度表的读数结合在一起可算出大气的湿度。这些温度表都是用来观测大气的温度和湿度的。这些温度表如果直接放到大气中，由于温度表吸收太阳辐射的能力比大气大得多，太阳一晒，温度表表面的温度很快就上升，测到的就是温度表表面的温度，而不是大气的温度了。

大气测量的要求很严格，百叶箱的大小、放置都有一定标准，箱的正面朝北，里里外外通体雪白，连四只脚和它前面的小梯子都漆成白色，为的是投射到小屋上的阳光全部被白色的表面反射回去，屋内的空气不致因为屋壁升温而烤热，这样测出的温度就是1.5 米左右高度的空气温度。在这个高度上，气温的变化比较稳定，而且，这个高度是人类活动的高度，因此观测记录更有实用价值。

为什么说塑料时代才刚刚开始？

　　1907 年莱奥·贝克兰发明了世界上第一种完全人工合成的材料——酚醛塑料，不过此前已经有人利用天然材料如赛璐珞制造出其他塑料制品。正如美国人保罗·约翰·弗洛里在获得诺贝尔化学奖时所说的那样，"我们的时代将是聚合物的时代"，实验室里合成的材料已经在很长一段时间内改变了人类的生活方式。这话并不夸张，当前金属和矿物产品已经被成千上万的塑料制品代替，这些在实验室中研究加工出来的材料具有绝缘、坚硬、柔软、轻巧、可生物降解、自动修复，甚至导电等各种性能。塑料可用来制造信息储存材料、汽车零件、可燃电池、太阳能板等，它广泛的用途可以满足生活中的任何需求。

　　在不到 100 年的时间里，塑料的出现使很多以前昂贵且无法购买的东西进入普通百姓的生活。现在我们称之为塑料的材料是由聚合物组成的，聚合物由大量分子聚合而成，可以是天然的，例如生物分子、纤维、橡胶，也可以是从石油或其它物质中提取的人工合成物。

　　更新的研究成果是电光聚合物，它们在接收到电能的时候能够放出光芒。这为显示器技术提供了无限发展空间。例如已经在手机和电视中使用的平面屏幕。

另一方面，纳米技术的发展使塑料的用途更加广泛。在聚合物最深层结构中加入纳米分子可以获得用途非常广泛的新塑料产品。美国伊利诺伊大学的科学家就是这样在 2007 年合成了可以自我修复的塑料。当它们破裂时，合成塑料的微小分子就会释放出来，重新聚合进行自我修复。这是模仿皮肤自我修复的过程，可以为航空和医药领域提供新的材料。

事实上很早之前，化学成分稳定、价格便宜和可丢弃的塑料就为医学发展提供了诸多便利。工程师曼努埃尔·哈隆 1970 年发明的塑料注射器很快在全世界得到推广，它的出现避免了玻璃注射器可能产生的感染。随着时间的推移，医院里出现了更多的塑料产品，例如手术器械、营养品输送管道和假器等。对于一些与血液接触的物品，例如心脏瓣膜和输血袋等，一些特殊的聚合物可以避免血小板增加和血栓的形成。

塑料的应用还从医院延伸至菜园子。各种塑料的使用让农业出现了翻天覆地的变化。

在塑料丰富多彩的特性中，现代社会又对它们提出了可持续利用的要求。尽管我们不知道未来社会怎样发展，但可以肯定未来我们将被聚合物包围。塑料的时代才刚刚开始。

为什么塑料容器也可自热?

美国加利福尼亚洲的 On – Tro 公司经过 4 年多时间的研究和试验,最近终于成功地开发了可以自己加热的新塑料包装容器。这种可自热的塑料容器能在 5 分钟内使包装内容物加热到合适的温度。这种自然塑料容器为吹塑成型容器,由六层结构组成,都是聚丙烯塑料材料。其成分均已获得美国食品和药物管理局 (FDA) 的认可,并能够回收利用。

自热塑料容器加热过程设计得简单和方便。这种容器由一个连成一体而无接缝的本体和发热包装两部分组成。本体是一个内装生石灰(氧化钙)的圆锥形内部罐。饮料充填在圆锥加热罐折侧。使用时,先剥除防伪用的薄膜,露出按钮。用手拉按钮。通过外力拉破坏加热罐本体的内部密封,水由加热圆锥部分漏出,同氧化钙发生放热效应,加热内容物食品或饮料。

充填在加热圆锥体外侧的食品或饮料在可以很快在原有温度下升高约 24℃ 以上,能够保持此温度 20 分钟左右。对于不同内容物,加热温度可以在 38℃~80℃ (±5℃) 范围内变动。

昂特罗公司研制生产的这种自热塑料容器可适用于高温高压灭菌处理、热灌装、无菌充填和超高温杀菌工艺过程。这种可自热的塑料罐容器可以加工成各种不同大小和形状的制品，可用于装咖啡、热巧克力和汤类食品，上市后很受消费者欢迎。

为什么纳米导线正火热？

目前纳米技术的研发已达到"炽热"程度，研制纳米导线是制造大多数纳米器件和装置的关键因素。

纳米导线是一种又长又细的导线，通常直径只有人头发丝的万分之一。研究人员目前可以调控直径 5 纳米至几百纳米之间的纳米线，而调控的长度可达几百微米。对半导体硅和化学敏感的氧化锡氮化镓等发光半导体，都能制成纳米导线。

加州大学伯克利分校杨培东在改进纳米导线特性方面获得重大进展，被公认为纳米导线的先驱。为了制成纳米导线，杨培东他们采用能熔化金薄膜或其他金属的特殊小室，小室中金属形成纳米尺寸的微滴，在微滴上空喷发诸如硅烷等化学蒸汽，其分子会被分解。短时间内，这些分子在熔化的微滴上达到超饱和，形成纳米晶体。随着更多的蒸汽分子在金属微滴上被分解，晶体则长成树状。如果在几百万个金属微滴上同时发生这一过程，科学家则能制出大量的纳米线。

杨培东等人已制成氮化镓和氧化锌纳米线"森林"，这些纳米

线能发出紫外光，该特性对制造"单片实验室"十分有用。"单片实验室"可快速和低成本地分析医学、环境和其他种样品。

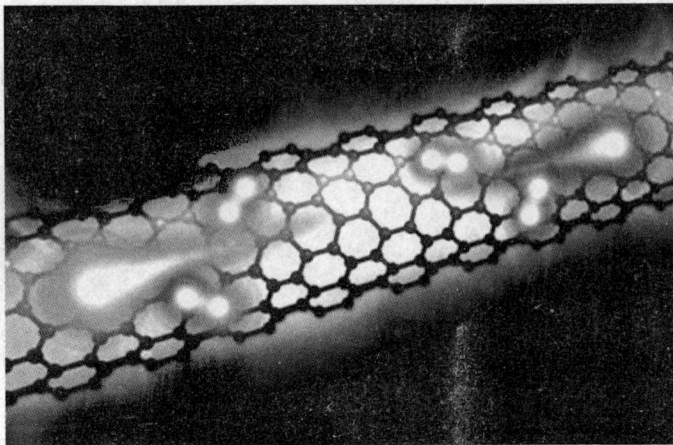

目前的难题是制成纳米线和其他系统组件之间的电子连件。杨培东估计，目前全世界至少有100个研究小组正集中力量来解决上述问题。去年，英特尔公司已同哈佛大学的利伯合作，纳米线成已为其计算机芯片开发长期规划的一部分。

为什么智能电视可用眼神选台？

随着数字电视的问世，一些新的电视应用技术也层出不穷。在2004年6月上旬举行的一次新技术成果展示会上，日本广播协会广播技术研究所展示了一种全新的电视操作技术，利用观众的视线和语音相结合，来遥控电视机。

据工作人员介绍，随着数字电视节目的播出，人们通过卫星电视和有线电视所享受到的电视播放服务越来越多，使用遥控器操作显得很麻烦，因此，这种人机对话式的操作系统便应运而生。

这套遥控装置由两台摄像机、数台计算机、红外线发射器和语言识别系统等设备构成。在观众面前的桌子下面设置两台摄像机，一台摄像机追踪观众脸部的位置，另外一台则"盯住"观众的眼球。电脑通过它们拍摄的画面来掌握观众视线的移动方向。摄像机利用红外线拍摄瞳孔的大小变化，通过电脑来判断观众视线方向的细微变化，从而准确掌握观众正在注视电视画面的哪一部分。在展示现场，观众离电视机 2 米左右，而观众视线注视的位置可精确到 2~3 厘米。

与此同时，电视机屏幕上显示多个画面，不同画面表示不同的频道。一旦选定想看的频道，观众用眼睛注视相应的画面，说声"这个"，电视机就会改变频道。数字电视还有数据查询功能，当观众表示"我要看电影"时，电视机就会自动将电影的检索结果显示出来。当观众选好电影后，只要说一声"开始"，电影便会自动播放。

这项名为"可识别观众的对话式电视接收系统"的电视遥控装置，不仅能让观众用眼睛注视电视画面来换台，还可通过人机对话实现音量调控、节目查询和电视开关等操作。这项技术还非常便于残疾人操作。除了语言识别系统之外，这套装置还有人员识别功能，系统可根据收看电视人员的不同，记住每个人的爱好。当有多名观众同时收看电视时，它还会把大家都喜欢看的节目提供出来，

供人们选择。

据讲解员介绍，目前这一技术仍处在开发研究阶段，随着数字播放技术的日益普及和提高，这种智能电视操作系统将会在不久的将来真正进入普通家庭。

为什么葵花籽油也可作汽车燃料？

在 2004 年 8 月 25 日召开的美国化学协会第 228 届大会上，英国利兹大学的科学家公布了一项利用葵花籽油产氢的新技术，可为汽车及家庭使用的燃料电池提供高效、清洁的氢产品，不仅可以减少污染，还为人们提供了一种丰富、廉价而又可再生的替代资源，同时可降低对石油进口的依赖性。

早在 1839 年，英国人格鲁伍就提出了氢和氧反应可以发电的原理，这就是最早的氢－氧燃料电池。近二三十年来，由于一次性能源的匮乏及突出的环保问题，开发利用新的清洁再生能源摆到议事日程上来。燃料电池由于具有能量转换效率高、对环境污染小等优点而受到世界各国的普遍重视，并被公认为未来解决人类能源需求的有效途径。但目前燃料电池的最大缺点是其所需的氢需要通过燃烧石化燃料来获取，进而产生二氧化碳及甲烷等温室气体和各种污染物。

该氢发生器是把日常食用的葵花籽油和水加入装置后，通过预热器加热，形成水油混合蒸气，在两种特定的镍基酶和碳基吸附酶的作用下，储存和释放氧气或二氧化碳，进而达到无须燃烧石化燃料，就可以产生氢的结果。在这种产氢过程中，两种特定的酶十分关键，在加热的条件下，镍基酶吸收空气中的氧气，同时碳基吸附酶释放装置中已捕获的二氧化碳。当反应器中的温度达到一定温度时，所有的二氧化碳气体及油水混合气被排入到反应室，油气中的碳氢键在反应器加热的作用下发生断裂，水蒸气的氧与碳结合形成一氧化碳和氢，一氧化碳再与水蒸气反应产生二氧化碳和氢，在该反应过程中氢是循环产生的。

利用这种氢发生器所产氢的纯度为90%，而其他氢发生器产氢纯度目前只达到70%。目前该装置的反应器还是通过电加热，研究人员相信，在不远的将来，利用镍基酶吸收氧气过程就可为反应提供所需的热量。

为什么多媒体使生活有声有色？

　　VCD 可以利用软件在计算机和利用影碟机在电视机中播放，这正是多媒体早期发展的两个方面：电脑多媒体和电视多媒体。最早的电脑只能用于计算和文字处理，慢慢地发展到可以处理图形，但是电脑还是显得毫无生气。

　　随着计算机硬件技术（主要是以 CPU 为代表的微处理器技术）和软件技术的发展，大容量、具有快速运算能力的电脑也很快就成了多媒体播放设备甚至多媒体产品的制作工具。

　　电脑的多媒体功能也从简单的播放 VCD 向比较高级的电脑动画制作、电脑游戏、电脑音乐等方向上发展。

　　电视也可以成为多媒体设备。但是利用影碟机播放 VCD 等还不能完全等同于电视自身多媒体的应用。电视节目实际上也是一种多媒体，但那是对电视台发送信号的一种处理。电视多媒体不仅仅包括电视，还应该包括其他家用电器设备如音响等。家用电器设计专家往往不赞成传统电脑死板的样子，他们把芯片和软件置于电器设备中，使得它们也成为多媒体设备。

　　互联网的发展促使了多媒体发展呈现出技术上的融合趋势。因特网的发展逐渐使之成为工作、生活和娱乐必不可少的工具。

多媒体朝着网络多媒体的方向发展，网上购物、网上医疗、网上教育、网络会议等实际上都是多媒体技术的应用。

计算机产业和家电产业都不会放过这个机会，这使得"电脑家电化、家电电脑化"逐渐成为潮流。

"电脑家电化"使得计算机逐渐发展为兼具电话、传真、高画质视频与立体音响等功能完善的"家用电器"。传统上分家的电话、电视、电脑网络在多媒体通讯的旗帜下重新组合，互通有无。如电话会议成为影视会议，电脑加电话产生声音邮件等。

目前"家电电脑化"中突出的例子是"信息家电"。通过一个电子设备的引导，把原有的电器连接到因特网上，使之具有接收处理网上多媒体信息的能力，这就是信息家电。

如中国科学院凯思公司的"女娲"计划和美国微软公司的"维纳斯"计划。它们的核心都是把自己的软件安装在一个称为机顶盒的电子设备里面，通过机顶盒使电视机可以像电脑一样方便上网。

从长期来看，将来所生产的电器将同电脑一样可以直接上网，如用电冰箱直接上网买菜，用音响上网下载歌曲进行播放等，这是真正意义上的"家电电脑化"。美国微软公司宣称自己今后的发展方向就是让每一部家电都有计算能力，都能直接上网，这也说明了"家电电脑化"的趋势。

多媒体在市面上的迅速发展反映了多媒体在我们生活中的影响越来越大。可以预见，未来多媒体的发展不仅帮助我们把世界精彩的瞬间保存起来，而且将会使我们的生活更加有声有色。

为什么可以用声音诱杀蟑螂？

俄罗斯"生物复合体"科学生产企业的专家发现蟑螂对声音信号反应敏感。利用这一发现，科研人员正在研制可诱杀或驱赶蟑螂的声学装置。

据俄《消息报》报道，俄专家用配有高灵敏度麦克风的录音装置，记录下了蟑螂所发出的多种声音信号。

当蟑螂在正常行走时，它的脚爪会依次匀速运动，发出轻微的"沙沙"声。对于这种声音，其他蟑螂不会做出任何反应。

但是，当蟑螂发现体积较大的食物后，它就会停在食物的旁边，并用最后一对脚爪用力地与物体磨擦，发出强度较大的声响。这样，距离该蟑螂约 50 厘米以内的其他同伴便会循声而至，共同搬运食物。

不同的昆虫会通过肢体或器官的振动发出不同的声音。俄专家发现，蟑螂会根据上述声音的频率和强度来判断附近的昆虫是否会对自己构成威胁。当感受到频率为 5～8 赫兹、强度在 35～50 分贝之间的声音信号时，蟑螂会异常恐慌并迅速逃跑。

目前，俄科研人员正依据上述发现开发可将蟑螂诱至毒饵附近，或使其远离民宅和仓库的新型声学装置。

为什么新型"干性"电池工作温度适度？

目前燃料电池的工作温度要么过低，要么过高。如今美国研究人员发明了一种能在适度温度下工作的"干性"燃料电池，而且成本低、易于制造、燃烧产物只有水。

据媒体报道，美国加州理工学院研究人员发明的这种燃料电池能在摄氏 160 度的环境里工作。这种电池实际上是由铯、氢、固体硫酸构成的"三明治"，使用铂作催化剂。当研究人员用泵将氢气压入电池中时，他们发现电池能够产生少量电流并持续数天，反应产物只有水。

这种新型电池之所以被称为"干性"电池，是因为它只靠气体来产生电力，电解质也是固体硫酸。而低温燃料电池通常是靠水和乙醇等液体材料来帮助电解质产生电流。

研究人员表示，这种燃料电池的缺点是产电量不大，持续时间短暂，而且电池材料在极端环境下性能不稳定。专家指出，只有通过极端温度的考验，这种燃料电池才能具备实用价值。

为什么水滴也可做弹珠？

荷叶上的露珠大家都很熟悉，但是有人见过像弹珠一样在玻璃板上自如地滚动、不留下任何水迹的水珠吗？法国科学家通过给水滴包上一层非黏性的膜，就制造出了这样的水滴弹珠。

法国科学家在英国《自然》杂志上报告说，这种水滴弹珠的秘密在于一种抗水的粉状物质，它与水混合之后，会竭力与水分子分离。如果一滴水里含有这种粉状物质，粉末会自动从水滴内部上升到表面，形成一层粉状的外膜，就像生面团外面裹着一层面粉。

这样一个直径 1 毫米左右的水滴，停留在玻璃板上时呈现近乎完美的球形，而不像普通水滴那样因为水分子与玻璃之间的吸引力而被"压扁"成透镜形。它的滚动摩擦很小，微弱的力例如电磁力就能使它运动，甚至还能像一只体态轻盈的昆虫那样稳稳地停在水的表面。

研究人员说，这一技术将在微流体领域得到应用，例如改进把微量流体放在硅片上进行化学或生物学分析的技术，它在医学、环境监测等方面也有广阔的应用前景。

为什么要让自行车夜间能发光？

有些自行车运动员喜欢在夜间骑车，也许过不了多久他们将可以骑上佛罗里达大学工程师发明的新自行车，这种自行车能像夜光表一样在黑暗中发光。

该大学机械系教授克利斯托费尔·尼兹雷基指出，这是一种车架和两个轮子的轮圈能电致发光的自行车，夜间骑车时从 200 米开外就能看到它，明显降低了自行车与汽车相撞的危险性。

须知夜间看不清是发生车祸的主要因素，据美国消费者安全委员会的估算，白天骑自行车要比夜间安全 4 倍。而根据美国交通部估算，自行车运动员在改用发光自行车后夜间骑车的危险性可降低

8倍。

尼兹雷基教授指出，发光自行车发光系统由一个9伏电池供电，电池安装在座垫下面，可以使用1年。电池本身足以连续工作4个小时，或在间断通电情况下工作更长时间。与反光镜或普通车灯不同，电致发光不会变暗，也不会在有其他光源时变得不显眼。此外，电池可以随时关掉，比如在白天骑车不需照明时。

研制一辆发光自行车原型花费了1500美元，但发明者认为，在批量生产发光自行车时其价格可降至70美元。

为什么油电混合动力发动机非常节能？

美国佩斯公司的工程师2001年12月28日宣布，他们研制出了一种新型油电混合动力发动机，并称它为"超级发动机"。这种发动机可接近能源转换效率最高值，由此最多能节省一半能源。

据工程师们解释，传统的汽车发动机需要在各种情况下提供动力，很多情况下汽油或柴油转化成机械动力的效率过低。如果发动机只在能源转换效率接近最高的范围内运转，就能节省大约一半的能源。为了做到这一点，工程师们发明了一种燃油发动机与电动发动机混合使用的发动机。

当汽车燃油发动机不能最有效地运转或不能提供足够的动力时，电动发动机就使用其储存的能源供汽车使用。电动发动机还能在汽车减速时将汽车的动能转变成电能储存起来。

佩斯公司说，和现有油电混合发动机不同的是，"超级发动机"采用了高电压和大功率半导体、大马力电动发动机以及高效低成本铅酸电池系统和效率最佳的内燃机。整个系统由电脑控制。

该公司称，较大的轿车、多功能运动车、小面包车和轻型卡车都可安装这种系统。

为什么说"电子报纸"已经呼之欲出？

一种你可以在公共汽车和火车上观看、看完以后卷起来放进书包的电脑或电视荧光屏，也许不久就会面世。

飞利浦公司和荷兰应用科学研究组织的科学家报告，他们已经

克服了研制这种"电子纸张"的最大障碍。有许多电子公司都在打这种能带来丰厚利润的产品的主意，但他们发现使荧光屏柔韧、有效和省电的技术是个头痛的问题。有几种材料，如液晶和发光聚合物都是制造可弯曲荧光屏的理想物质。挑战是，如何找到一种快速开关荧光屏像素的方法，即通过接通和关断像素，形成颗粒细而且闪动不太明显的图像。

目前的解决办法是"无源矩阵"系统，即通过电极开关一行或一列像素，但是至今这种方法只得到比邮票面积稍大、质量又差的屏幕。为了获得较大、较高质量的显示效果，解决办法是采用"有源矩阵"，就像膝上型电脑那样，每个像素由一个晶体管控制。但是柔韧荧光屏必须比膝上型电脑薄得多，才能够卷起来，而且必须省电才行。

据英国《自然》杂志报道，荷兰科学家想出了半导电性薄膜的主意，在薄膜上用光刻法刻上显微晶体管，然后装在液晶显示屏后面。结果他们得到了省电、光闪柔和，并具有256种亮度的显示效果。这种荧屏是黑白两色的，对比程度跟白纸上的墨汁差不多。

飞利浦发言人朱斯称，荧光屏的尺寸只有5厘米见方，水平和垂直方向各有64个像素。"这种技术投入生产前还有不少问题需要解决，估计再过5年，能够卷起来的荧光屏就会问世了。"

为什么新型踏板能够油门
刹车二合一？

瑞典发明者斯文·古斯塔夫松发明了一种特独的踏板结构，它能将汽车两种功能——刹车和油门功能结合在同一个踏板上。

测试这项发明的瑞典乌普萨拉大学专家利卡德尔·尼尔松在试验后指出，新型踏板十分安全，其动作时间比普通的一对踏板要快0.2秒。

发明者斯文·古斯塔夫松指出，使用他发明的踏板不必在刹车时将脚从油门踏板转到刹车踏板上，因此可以节省这重要的0.2秒时间。

举例来说，在车速为90公里/小时的情况下，延迟0.2秒就相当于使汽车在开始刹车后多滑行5米距离，从而引发撞车事故。

专家们估计，汽车司机会很快习惯新型踏板的工作，已有18名司机对新型踏板进行了试用，他们每人都行驶了1000公里，感觉与使用老式踏板差不多。

目前，Volvo公司正在进行更详细的测试，该公司对新型踏板表现出浓厚兴趣，想把新型踏板应用到轿车、公共汽车乃至载重汽车上。不过，首批安装有新型踏板的汽车最早也要等到3年之后才能出现。

为什么可以遥控电灯开关？

俄罗斯"猎户座"科学生产公司的专家开发出了可遥控的电灯开关，使人们开关电灯更加简便，更能有效地利用电能。

据俄媒体报道，新型开关表面有一个小光源，用户可以在黑暗中用遥控器对准光源开启电灯。新型电灯开关表面有一个信号接收器，可接收遥控器发出的红外线脉冲信号，并将其传给开关内部的微处理器。

该微处理器能够辨别所收到的是外界干扰信号，还是遥控器信号，并且只按照遥控器信号的指示开启电灯。之后，用户可通过同样的步骤关闭电灯。如果用户忘了关灯，新型开关中的微处理器会在电灯连续工作 8 小时后自动发出指令，关闭电灯。此外，将遥控器与开关进一步匹配后，还可用遥控器调节电灯的亮度。

据俄专家介绍，这种开关内部还有一个向外发射红外线的辐射源。用户也可将手或书本挡在开关正前方 5 厘米至 10 厘米远处，当源自开关的红外线被手或书本反射回来之后，电灯便会亮起。

科研人员表示，这种新型开关有利于更有效地利用电能。在安装了上述开关之后，电灯的总使用时间可延长数倍。

为什么冰箱可以利用高强度
声波工作?

美国宾夕法尼亚大学研究人员正在研制一种利用高强度声波工作的冰箱。众所周知,声波可通过空气周期性压缩和膨胀的方法在空间传播,而正是气体的周期性压缩和膨胀可作为家用冰箱工作的基础。

在洛斯阿拉莫斯科学实验室工作的斯科特·贝克哈乌斯和格雷格·斯威夫特,早在1980年就萌发了不是利用压缩机作气体压缩而是利用声波的想法,经过多年研究,他们已研制出几种利用声波制冷的冰箱原型。

其中一种声波冰箱原型是圆柱体,其内部安放有金属板,如果在内部产生足够强的声波,则一端的温度会逐渐变高,而另一端的温度会比周围介质的温度要低。

如果在圆柱体两端放有热交换装置,则可以做到使冰箱工作。为了在圆柱体两端产生温差必须有非常强的声波,在声波冰箱实验样品中声波的强度为173分贝。作为比较,人耳疼痛的声波阈值为120分贝,而165分贝的声波强度可使头发由于摩擦过热被点燃。

今后,斯科特·贝克哈乌斯和格雷格·斯威夫特准备让自己的研究获得实际应用。

为什么"纳米"可以挽救地球臭氧层?

德国乌尔姆大学科学家在纳米球和全氟萘烷（用于生产血液代用品的液体）的实验过程中意外地发现了一种效应，该效应能挽救地球臭氧层，使其不遭破坏，从大气中去除有害污染物。

科学家在实验数据基础上研制出发生在地球同温层中的微过程模型，该模型能研究由于人类活动而进入大气的"纳米般细微"的悬浮微粒，与云团中水滴之间非常复杂的相互作用，也是消除地球臭氧层"杀手"——氟利昂的好方法。新方法不仅能使引起臭氧层破坏的作用过程暂缓，而且能使臭氧层得到恢复。

令所有人感到意外的是，全氟萘烷能吸收直径为 50 纳米的聚苯乙烯微粒水溶液。科学家认为，这是由于全氟萘烷微滴被"禁闭"在自动聚集的聚苯乙烯纳米球内部的缘故。

这一发现之所以令人惊奇和关注，是因为全氟萘烷在其特性上非常像氟利昂，众所周知，氟利昂会积极破坏地球臭氧层。乌尔姆大学科学家认为，可以利用聚苯乙烯微粒收集大气中含有的氟利昂，当转移到大气中后，它们会是水滴或冰微晶的组成部分，在这种情况下"吸收"它们的氟利昂会以雨水或雪的形式落到地面上。

德国科学家发现的这一效应特别吸引人，因为进入大气中尤其是汽油和柴油在内燃机中燃烧时释放的固体悬浮颗粒的大小，与有效吸收氟利昂的聚苯乙烯纳米球的大小非常接近。

为什么说镁是"绿色"电池新型材料？

以色列科学家发明了一种新型电池，在这种电池中利用的是镁，它可以解决因电池中使用有毒的铅和镉引起的一系列生态问题。与传统电池中使用的其他金属相比，镁具有一系列优点，例如镁具有很小的密度，但是它又与较轻的锂不同，它是较低廉且蕴藏量非常大（在地壳中储藏量占第 7 位）的金属。科学家认为，镁可以成为电池生产中理想的材料。

虽然该方向的研究实验 2 年前才开始，但是以色列拉马特甘大学科学家已经率先研制成一种新型镁电池原型。镁电池能输出 0.9～1.2 伏电压（几乎与镍镉电池差不多），并能在多次充电和放电循环之后不失去电容量。

最初以色列科学家是利用纯镁制成的阳极进行试验的，但是纯镁制成的阳极太脆弱，为了能利用镁制成薄片，因此后来研究出另一种方案——利用镁合金，在镁合金中含有 3% 的铝和 1% 的锌。

阴极应采用含有孔隙的材料，孔隙大小与镁离子直径相适应（与锂电池阴极材料的选择相似）。

在长时间寻找之后，研究人员将注意力集中在硫化钼上，在硫化钼晶格中加入铜原子，科学家成功地在利用一系列化学反应之后用镁原子取代铜原子，结果镁原子能自由地离开晶格，并能重新在晶格中占据空位。

最后，在聚合凝胶基础上制成的电解质是新型镁电池的一个重要组成部分，在这种电解质中还含有有助于镁离子保持状态的一种有机液和特殊物质。

为什么有的电池可 30 秒充电？

日本电气公司新近开发出一种可在短时间内完成充电的新型电池，充电时间由 1 个小时左右缩短到 30 秒，应用于便携式微型唱片播放机和数码相机等，都会带来更大便利。

据日本《经济新闻》日前报道，这种新型电池通过一种特殊的树脂蓄电。目前日本电气公司共开发了两种型号，一种是 2 厘米见方，厚 4 毫米，另一种像名片一样大小，厚 5 毫米。

两种型号的电池完成充电的时间均为 30 秒，用于便携微型唱片（MD）播放机可持续使用 80 小时，与同型号的镍氢电池性能大致相同，但却省了很多充电时间。

这种新型电池不仅充电快，放电也很快，在短时间内可输出高功率电力，一旦遇到停电等突发事件，可以用作电子计算机或混合动力电动汽车等的临时电源。由于制造这种电池无需使用昂贵材料，估计批量生产后价格和镍氢电池差不多。

为什么可以用激光驱动机器人？

日本近畿大学河岛信树教授领导的研究小组，在实验中成功地用激光驱动了机器人。专家认为，在核电站等难以更换电池的场所使用激光驱动机器人工作是一个最佳选择。

据《日经产业新闻》报道，实验在奈良市举行的激光能源国际会议上进行。四条腿的机器人"兰迪"搭载有 14 块太阳能电池板，每块长 7 厘米，宽 4 厘米。

研究人员在离机器人 10 米的距离，用波长 800 纳米的半导体激光照射机器人的太阳能电池板，电池板就可以发出功率为 30 瓦的电力，使机器人做出步行、抬起一条腿等基本动作。

河岛信树等人还计划，在今年秋天让机器人搭载照相机和机械手，在激光驱动下进行摄影和抓取物体的实验。

研究人员说，机器人电源一般使用电池，然而在核电站和化学污染严重的场所，对正在作业的机器人更换电池有一定困难，而用激光驱动十分便利。此外，在宇宙空间用激光驱动机器人也比使用电池优越。

为什么可燃冰不是冰？

中德两国的科学家在近日的一项科学考察活动中发现中国南海确实存在天然气水合物。

科学家们乘坐"太阳"号科考船，在南海上展开了为期42天的勘测考察。中德科学家在此次联合考察中发现，中国南海确实存在天然气水合物。

天然气水合物俗称"可燃冰"，外表像冰，但其成分中80%～99.9%为甲烷，可以燃烧。它也被认为是未来人类最理想的替代能源之一。1立方米的"可燃冰"燃烧，可以释放164立方米的甲烷天然气。

我国从1999年开始对南海展开天然气水合物的资源调查和评估。2004年3月，广州海洋地质调查局和德国基尔大学海洋科学研究所签署合作协议，确定双方共同对南海展开天然气水合物的研究，合作时间为 1 年。

　　该项目的德国首席科学家是德国基尔大学海洋科学研究所副所长厄尔·塞斯，中国首席科学家是广州海洋地质调查局总工程师黄永样。

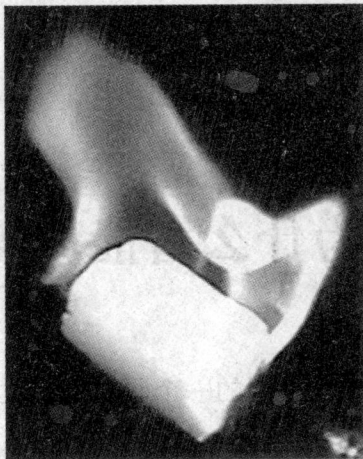

　　"可燃冰"是未来洁净的新能源。它的形成与海底石油、天然气的形成过程十分相似，而且密切相关。埋于海底地层深处的大量有机质在缺氧环境中，厌气性细菌把有机质分解，最后形成石油和天然气。其中许多天然气又被包进水分子中，在海底的低温与压力下又形成"可燃冰"。这是由于天然气有个特殊性能，它和水可以在温度 2~5℃ 内结晶，这个结晶就是"可燃冰"。由于其主要成分是甲烷，也常称为"甲烷水合物"，在常温常压下它会分解成水与甲烷。

　　"可燃冰"可以看成是高度压缩的固态天然气。"可燃冰"在外表上看起来像冰霜，从微观上看其分子结构就如同一个一个"笼子"，由若干水分子组成一个笼子，每个笼子里"关"一个气体分子。现在，可燃冰主要分布在东、西太平洋和大西洋西部边缘，是一种极具发展潜力的新能源，但因为开采困难，海底可燃冰至今依旧原封不动地保存在海底和永久冻土层内。

为什么智能玻璃可反射热量？

英国的一个研究小组发明了一种玻璃涂层，可以反射太阳的高温，但不会阻挡可见光的射入。

科学家说，这种玻璃可大量减少财政开支。由于建筑师在房屋上安装了越来越多的玻璃，我们的办公室变成了温室，空调费用每日剧增。

除此之外，传统窗户的色调令人不舒服，它们将光和热阻挡在外面。

而这种新涂层玻璃在低温时，如同普通玻璃一样，使可见光和红外线穿过。当温度高于29℃以上，它的原子结构就会发生改变，开始反射热量。

与其他任何温度都反射热量的涂层相比，这种新涂层就实用多了。

新涂层由二氧化钒和1.9%的钨混合而成。科学家将二氧化钒与其他金属混合，70℃以上才能反射热量。

相对来说玻璃容易变热，所以在和煦的夏日，当环境温度为25℃左右时会发生化学变化。但是在冬天，玻璃达不到变化温度，所有阳光能量都会照射进来，补充房间温度。

化学家将玻璃加热到550℃，然后将三氯氧化钒和六氧化钒的蒸气分子通过玻璃表面，它们就会发生化学反应，形成一层二氧化钒薄膜，其中包含少许金属钨。最佳厚度是100纳米（相当于一张纸厚度的千分之一）。

与许多其他上涂层方法不同的是，这个过程是在一个大气压下完成的，简单易行，因此更有商业价值。

同时这个过程也很灵活，它可将转化温度降至5℃，所以可为不同的气候做出不同的玻璃。

这种新玻璃从实验室到生产线大概需要5年时间。英国玻璃产品商业研究技术专家西蒙·赫斯特说："但是我们对这样有市场潜力的玻璃很感兴趣。这样的智能玻璃明显地比只能被动反射热量的玻璃好得多。"

科学家表示，唯一不足的是这种涂层是黄色的。

研究小组希望在涂层中加入其他化学物质，使得玻璃的颜色色调降下来，或许可以做成浅灰蓝色。

为什么塑料磁铁能在室温条件下工作？

英国达勒姆的大学科学家发明了世界上第一种塑料磁铁，它能在室温条件下"工作"。

据报道，目前世界上研制塑料磁铁的科学家小组至少有几十个，但是获得的塑料磁铁或是只能在超低温度下工作，或是磁性太弱。

达勒姆大学科学家证实，他们研制的塑料磁铁可以应用于日常生活，比如可以用来包覆计算机硬盘，提高硬盘的工作效率。

达勒姆大学的纳维德·兹埃季博士及其同事研制成一种含有两种成分的新型聚合物：类似导电金属的 PANI 和形成带电粒子的 TCNQ（一种有机半导体）。

普通磁场由单个原子或分子的相同取向磁矩产生，而英国科学家在自己的聚合物中使游离基达到同样效果。最初在新材料中产生的磁场也太弱，研究人员经过 3 个月的实验终于研制成新型塑料磁铁。

虽然新型塑料磁铁与普通金属磁铁相比磁性仍较弱，但是科学家相信，能进一步改善新型磁铁的特性，估计需要花费 1 年的时间即可达到目的。

为什么新材料可吸收汽车尾气？

日本东京大学的科学家利用一种结构类似于瑞士奶酪的晶体研发出吸收汽车排放尾气的材料——SSZ－33 沸石，它能在汽车发动后，空气净化器预热时吸收污染物气体。

汽车排放碳氢化合物是一个严重问题。碳氢化合物同空气中的污染物发生反应，生成烟和臭氧，导致哮喘和呼吸道疾病。

通常汽车上安装催化式排气净化器，可燃烧大多数配方气体中未反应的碳氢化物燃料，生成二氧化碳。但是其中最大的问题是，在发动机运转后、催化式排气净化器预热时，怎样防止碳氢化合物污染环境。

汽车排放到大气中的碳氢化合物中，有超过 80% 的是在催化式排气净化器预热阶段 1 至 2 分钟时排出的。所以在催化式排气净化器达到工作温度之前，需要用一种方法吸收多余的碳氢化合物。

SSZ－33 材料是一种沸石晶体，由硅、铝和氧组成，微观形态很像瑞士奶酪，可以吸收碳氢化合物。

沸石的各个原子联结成环，形成立体结构，布满了小孔和通道。这些通道可容纳大量气体，就像海绵的小孔可以装满水一样。

此前已有研究发现沸石可吸收汽车排放的碳氢化合物，那是一种叫做β沸石的材料。但是潮湿高温的环境会破坏β沸石的小孔结构，因此失去对碳氢化合物的吸收能力。研究人员发现，SSZ-33沸石比β沸石多吸收30%的碳氢化合物，而且当温度高达800℃时依然可以吸收有害气体。

为什么可以利用核能制氢？

近日，美国能源部国家实验室和一家陶瓷公司的科研人员宣布，他们开发出一种更经济、更节能的利用核能制氢的新方法。该方法有助于解决目前美国倡导的"氢经济"计划中的关键技术问题。

美国爱达荷国家工程与环境实验室的科研人员表示，制氢新方法的主要原理在于：对高温水进行通电裂解，当水分子裂解时，再用特定的陶瓷过滤器将水中的氢氧元素分离，从而制得氢。有关试验表明，这样制备的氢其能源使用效率可达50%。

科研人员同时介绍说，新方法实施的关键是建造一个能够加热核组件中冷却介质的反应器，也称为高温气冷核反应器。借助这样的核反应器，可使其中惰性保护气体——氮气的温度达到1000℃。这种高温气体将用于两个方面：一是由被分离的水带出热量，以驱动汽轮机发电；二是将水加热到800℃，以实现用上述高温水电解制氢的目的。

研究人员称，他们为此计划设定的核反应器可产生300兆瓦的电量，每秒钟可生产2.5千克的氢。他们预计，如果将该反应器制得的氢用于氢燃料电池车辆，每天可替代4万加仑的汽油。

有关能源专家表示，与常规制氢技术相比，用新方法制备同等数量的氢需要的能耗更少，成本更低，并可解决"氢经济"计划中大规模制氢及氢的存储与运输等关键技术问题，还不会产生二氧化碳和一氧化氮等废气。不过，也有专家认为，用这种新技术制氢，需要建造新的大型核反应器，其建造与推广成本还有很多不确定因素。

为什么说无线电是最伟大
的发明之一？

　　无线电是科学史上最伟大的发明之一，有了无线电，人们无论身处地球的任何位置都能够快捷方便地联系上。

　　那么，无线电是谁发明的呢？在西方公认是玛可尼，俄罗斯却认为是波波夫，这个问题一直争论了一个多世纪也没有定论。

　　1859 年 3 月，波波夫出生在俄国乌拉尔的一个牧师家庭里，他从小就对电工技术有着一种特别的嗜好。在他 12 岁那年，他自己制作了一块电池，还用电铃把家里的钟改装成了闹钟。18 岁时，波波夫考进了彼得堡大学物理系。不久之后，他转入森林学院学习，这里活跃的学术氛围使他打下了十分扎实的基础。后来由于家庭贫困，波波夫只好半工半读维持学习并且以优异的成绩毕了业。

　　1888 年，波波夫听到了赫兹发现电磁波的消息后，开始萌生了让电磁波飞跃全球的梦想。

　　1894 年，35 岁的波波夫成功地发明了当时世界上最先进的无线电接收机。他对无线电通信的最主要贡献在于，发现了天线的作用，而且他的接收机所使用的导线是世界上的第一根天线。

　　1895 年 5 月 7 日，波波夫带着他发明的无线电接收机在彼得堡的俄罗斯物理学会上进行论文宣读，并进行了演示，结果大获成功。

1896年3月24日，波波夫又进行了一次正式的无线电传递摹尔斯电码的表演，他把接收机安放在物理学会会议大厅内，然后把发射机安装在森林学院内。这两地之间隔了250米，当他的助手把信号发射出去后，波波夫这边的接收机马上清晰地接到了信号。

然而波波夫的发明在俄国却并没有被采用。1895年，波波夫曾经向俄国政府申请1000卢布进行无线电实验的投资，然而陆军部长告诉他："我绝不允许把钱浪费在这样的幻想里。"

再说说马可尼，1874年他出生在意大利一个农庄主的家庭。1894年，刚满20岁的马可尼在电器杂志上读到了赫兹的实验报告。从小就喜欢摆弄线圈电铃的马可尼一下子就对电磁波产生了浓厚的兴趣，他认为，既然赫兹可以在几米外测出电磁波，那么只要有足够灵敏的接收机就一定可以在更远的地方接收到电磁波。他在家里的楼上安装了发射电波的装置，在楼下放置了接收机与电铃来相接。父亲见他不务正业大为不满，斥责玛可尼是不切实际的空想家。而邻居们更是对他百般嘲讽。不过他并不气馁，终于有一天，父亲正在楼下看报纸时忽然听到一阵铃声，接着，马可尼欢天喜地地跑下来抱着他大叫："我成功了！"父亲此时

才看到儿子杰出的才能，并且开始给玛可尼经济资助，让他一心搞实验。

第二年夏天，马可尼又完成了一次极其成功的实验。到了秋天，实验又取得了空前的进展。他把发射机放在一座山岗的一侧，同时把接收机安放在山岗的另一侧，中间距离2.7公里，当助手发送信号时，他守候着的接收机的电铃便发出了十分清脆的铃声。

然而接下来的实验需要大量的资金，父亲已经没有能力来供给。于是，马可尼向政府寻求援助，但是保守的意大利当局对此不屑一顾。然而，英国人却对此表现出了浓厚的兴趣，很多财团都愿意资助他。于是，马可尼在1896年来到了英国。

1901年，马可尼在英国建立了一座高耸入云的发射塔，并且向大西洋彼岸发射信号获得了成功。1937年玛可尼逝世，在意大利有近万人为他送葬，而英国所有的无线电报和无线电话以及广播电台均停工两分钟向他致哀。

1905年，一场关于无线电发明权的诉讼在美国闹得沸沸扬扬。最终，北美巡回法庭判定：马可尼是无线电的发明人。第二年，波波夫脑溢血去世，享年47岁。

1909年11月，35岁的马可尼荣获该年度的诺贝尔物理学奖。虽然马可尼在西方的地位已经无可动摇，不过俄罗斯人却始终认为波波夫才是第一个发明无线电的人。这个疑案，至今还没有能够解决。

实际上关于无线电的发明者，在其他的国家也有不同的看法：英国人把麦克思韦奉为无线电之父，认为他最先指出了电磁波的存在。德国人却认为赫兹才是无线电的开创者，因为他最早发现了电磁波。可是美国人则认为，德福勒思特是无线电发明者，这是因为他发明了无线电通信器材的心脏——三极管。

那么究竟是谁发明了无线电通信呢？或许我们可以这样认为：无线电的发明是众多科学家集体智慧的结晶，他们的功绩都是不可磨灭的。

为什么太阳能飞机能翱翔空中？

太阳能飞机是以太阳能为动力进行飞行的飞机。世界上第一架太阳能飞机是由美国航空工程师麦克里迪设计的。

麦克里迪设计了"飘忽企鹅"号人力飞机，在机翼上安装了16000块光电池。光电池又叫太阳能电池，它是一种夹有光敏层的硅片，可见光通过硅片时，光粒子与光敏层的化学物质作用，释放出电子，产生的电流经过导线传递给发动机，发动机带动螺旋桨转动，使飞机飞行。

1980年8月，"飘忽企鹅"号由女驾驶员珍尼丝·布朗操纵，飞行了3.2公里，飞行时间为14分32秒。在初次飞行中，飞行的高度仅为30米，虽然在这一高度上不能保证获得足够的阳光，但初次飞行的成功，足以证明了麦克里迪的设计思想是可行的。

随后，麦克里迪决定进一步改进他的太阳能飞机，他得到了著名的杜邦公司的支持。杜邦公司为他提供了一系列航空和宇航用的新型材料——工程塑料，以及经费、工程师和摄影组等。

1980年12月，新设计的"太阳挑战者"号太阳能飞机试飞成功。它的主翼和尾翼上装有16128块太阳能电池，飞机全长9.1米，翼展14.3米，机体重量仅为90公斤。在8小时的时间里，飞机飞行了370公里，高度达到4360米。即使在云彩遮住阳光的时候，飞机下降的速度也仅有30米/分，能确保飞行安全。

"太阳挑战者"号太阳能飞机几乎是一架全塑飞机。首先，在机翼的主支撑结构，以及操纵、着陆装置等部位，使用了强度是钢铁5倍的聚芳族纤维，在整个机体的增强部位，也都使用了这种材料。其次，在机体和机翼的蒙皮上采用了聚脂薄膜。最后，在主翼的夹层结构中，还使用了聚芳纤维纸蜂窝。此外，用得较多的材料是具有优异耐气候性和不易变色的丙烯酸薄膜和氟塑料薄膜。正是由于采用了这些性能优异的工程塑料，"太阳挑战者"号才既牢固又轻便，成功地完成了飞行。

1981年春天，"太阳挑战者"号即将飞越英吉利海峡。飞行员是28岁的普达塞克，他既进行过滑翔机的飞行，又驾驶过喷气式飞机，经验十分丰富。1981年6月，太阳能飞机由一艘航空母舰运往法国。7月7日，晴空万里，太阳能飞机就要起程了。普达塞克依次接通5组太阳能电池，开始驾驶"太阳挑战者"号滑跑起飞，经过7次试飞，飞机终于离开地面，以大约每分钟70米的速度迅速上升，几分钟后达到600米的高度，然后昂首飞向英吉利海峡。

　　普达塞克稳稳地爬升，同时不断调整航向和转动可调螺旋桨，以便进入最佳飞行状态。突然，平静的空气中出现了一股紊流，"太阳挑战者号"剧烈地俯仰、扭摆起来，原来附近出现了两架飞机，上面满载着新闻记者和摄影师。虽然距离相当远，但那强烈的尾流足以令轻盈的"太阳挑战者"号面临灭顶之灾。幸亏法国空中交通管制部门及时解围，才把热心的采访者打发走了。

　　此后，普达塞克耐心地斜飞 Z 字航线，避开云朵，捕捉更多的阳光。不久，英国的多佛尔海滩终于映入眼帘，太阳能飞机飞临英国领空。在连续飞行 5.5 小时、行程 260 公里以后，"太阳挑战者"号终于安全降落在蒙斯顿皇家空军基地。

　　这次具有历史意义的飞行，标志着太阳能作为一种崭新的能源进入了人类航空领域。

为什么人造卫星的发射具有划时代意义？

　　第二次世界大战以后，前苏联于 1957 年 10 月 4 日成功地发射了世界上第一颗人造地球卫星"东方 1 号"。

　　人造地球卫星的发射成功，开创了人类航天的新纪元，具有划时代的意义。

　　第一颗人造地球卫星在宇宙中存在了 93 个昼夜，围绕地球运行了近 1400 圈。

　　仅一个月之后，1957 年 11 月 3 日，前苏联又发射了第二颗人造地球卫星。这颗人造卫星为锥形，重量达 508 公斤。它不仅携带了相当多的科学仪器，而且还带着一只名叫莱伊卡的小狗。

　　但是，由于当时的技术水平有限，这颗卫星无法回收。莱伊卡在生物舱生活了一个星期之后，完成了实验任务，被迫服毒自杀。它为人类的科学事业而"光荣牺牲"了。小狗莱伊卡的太空旅行，充分说明了生物可以平安地生活在人造飞船中。

　　美国在苏联人造卫星两次发射成功的刺激下，不甘落后加紧研制运载火箭，力争早日发射卫星。终于在 1958 年 1 月 31 日，成功地发射了第一颗人造地球卫星——"探险者" 1 号。

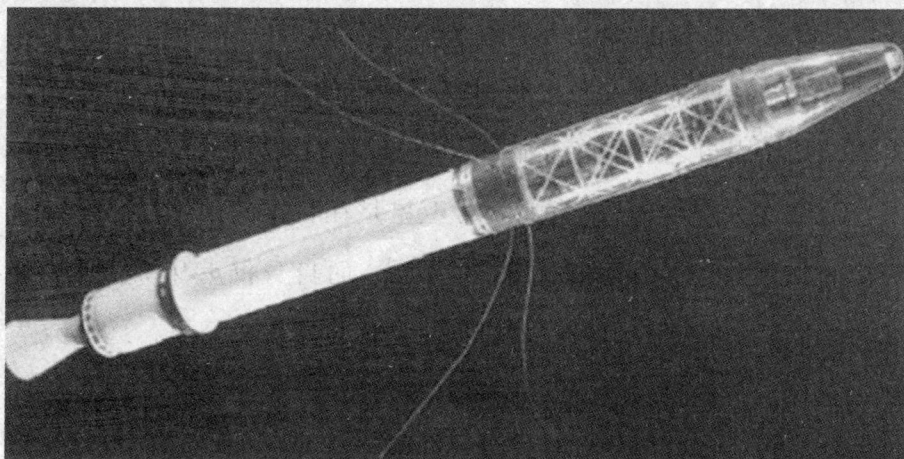

　　美国这次人造卫星发射的领导者是第二次世界大战后从德国移居美国的著名火箭专家冯·布劳恩。

　　"探险者" 1 号的发射高度在 2000 公里以上，超过前苏联的"东方" 1 号。在这个高度上，辐射能急剧增加，"探险者" 1 号在研究辐射能方面做出了突出贡献。

　　1958 年 3 月 21 日，美国又发射了"探险者" 3 号卫星，对辐射能进行了详细地研究，证实了在 2000～4000 公里的高空存在强大的辐射带。

　　继前苏联、美国之后，法国作为第三个独立自主发射人造卫星的国家，于 1965 年 11 月 26 日，在哈马圭尔发射场，用自己研制的"钻石" A 运载火箭，成功地发射了第一颗人造地球卫星"试验卫星" 1 号。

　　"试验卫星" 1 号是直径 50cm 的双截头锥体，重量仅 42 公斤。轨道的近地点为 526 公里，远地点为 1809 公里，轨道倾角为 34 度。"钻石" A 运载火箭全长 18.7 米，直径 1.4 米，起飞重量约 18

吨，是在探空火箭基础上研制而成的三级运载火箭。

日本是第四个进入太空的国家。日本的航天计划始于60年代中期，几经周折之后，终于在1970年2月11成功地发射了第一颗人造卫星"大隅"号。"大隅"号卫星是在日本的鹿尔岛靶场发射成功的，卫星与末级火箭共重23公斤，而自身仅重9.4公斤。外观为环形，高0.45米，卫星轨道的近地点为339公里，远地点为5138公里，轨道倾角为31度，是由日本自行研制的"兰达"4S四级固体运载火箭发射的。起飞重量约10吨，起飞推力617牛。

而第五个独立自主发射卫星的国家就是中国。1970年4月24日，我国在西北部的酒泉卫星发射场用自己研制的"长征"1号运载火箭把"东方红"1号卫星送入太空。"东方红"1号卫星是一个直径为1米的球形多面体，重173公斤，比苏、美、法、日的第一颗人造卫星的总重量还重。卫星上面装有4根3米长的鞭形天线，壳体外蒙皮由铝合金制成，内分主仪器舱和辅舱。舱内装有播送《东方红》乐曲的乐音发生器和遥测、跟踪、能源等系统的仪器。卫星绕轴线稳定旋转。卫星轨道的近地点为439公里，远地点为2388公里，轨道倾角为68.5度。卫星绕地球一周需114分钟，在运行过程中不断向全世界播送《东方红》乐曲。通信卫星，是作为无线电通信中断站的卫星。它像一个国际信使收集来自地面的各处"信件"，然后再"投递"别另一个地方的用户手里。

为什么新型蓄电装置可快速充电？

据日本《经济新闻》最近报道，日本三井物产公司和欧姆龙公司出资成立的动力系统公司开发出一种新型蓄电装置，只需充电 1 分钟，就可使手提电脑连续运行 1 小时以上。

笔记本电脑的优势在于其移动性，无论是 3 公斤以上的全内置型产品，还是 1.5 公斤以下的真超便携笔记本，由于提供了电池模块，因此它们可在脱离外接供电的情况下继续工作，是移动计算的必备武器。电池在笔记本电脑中占有举足轻重的地位。

这种蓄电装置宽 19 厘米，长 20 厘米，厚 10 厘米。研究人员用目前在市场销售的小型手提电脑进行试验，发现充电 1 分钟后，该装置即可供电脑连续运行 1 小时 20 分钟。

研究人员说，如果这种蓄电装置能进一步小型化，体积缩小到与现在手提电脑中使用的锂电池相当，就可以安装在手提电脑内部，取代锂电池。锂电池的缺点是充电时间长，一般需要 1 小时以上。研究人员计划与电器制造厂家合作，在 3 年内把这种快速充电的蓄电装置推向市场。

日本很多公司正在大力开发用于笔记本电脑的电池新技术。不久前，卡西欧计算机公司曾经开发成功一种世界上最小的燃料电

池，供笔记本电脑用，大小和现在使用的锂电池差不多，但电容量却是锂电池的 4 倍。这是该公司为了满足汽车和家庭需要而开发的固体高分子型燃料电池的一种，用改质器从沼气中提取氢送入燃料电池。改质器只有 500 日元的硬币一样大，电池本身长 20 厘米，宽和高均为几厘米，用于一般的笔记本电脑可连续驱动 8 到 16 个小时。

沼气不经提取就可使用的燃料电池目前正在开发，但由于处理液体沼气需要泵，所以这种燃料电池体积较大，用改质器提取氢制成燃料电池，可以使燃料电池体积变小，但容易产生高温现象，研究人员经反复研究和试验，克服了这种缺点。卡西欧公司已把产品推向市场。

为什么汽车也可以飞起来？

目前，世界上有许多公司在进行飞行汽车的研究，以色列的 AD&D 有限公司开发的"城市之鹰"两人座小型飞行汽车，计划在今年进行测试；麦道公司正在研制"索科尔 400"四座飞行汽车。但在所有的研究者中，最值得一提的恐怕是保罗·穆勒和他的穆勒国际公司了。

加拿大出生的工程师穆勒于 20 世纪 60 年代初在加州大学任教

时就开始了在自家车库中研究能垂直起降的汽车，在研究中受到蜂鸟和蚊子在空中悬浮飞行技巧的启发。他第一次试验用的 XM – 2 圆形飞行器，起飞获得了成功，但飞行很不稳定。

2000 年，他成功地制造出可以升起飞行、载有两名乘客的 M200x 型飞行汽车。这种汽车可以在 20 米高度上飞行二百多次。目前，穆勒最新设计的飞行轿车 M400 即将面世，并将推向市场。

为什么说意大利风筝电站发电量堪比核电站？

意大利科学家对一种新型风力发电装置寄予厚望，它看上去就像院子中不起眼的晾衣服架子。尽管外形乏善可陈，但风筝风力发电机（KiteGen）的发电量却有可能同核电站相媲美。

风筝风力发电机的工作原理很简单：风筝在风力作用下，带动固定在地面的旋转木马式的转盘，转盘在磁场中旋转而产生电能。对于每个风筝而言，转盘都会放开一对高阻电缆，控制方向和角度。风筝并非是我们在公园常见的那种类型，而是类似于风筝牵引冲浪的类型——重量轻、抵抗力超强、可升至 2000 米的高空。

风筝风力发电机的核心在于通过风筝的旋转运动，旋转激活产生电流的大型交流发电机。自动驾驶仪的控制系统会最优化飞行模

式，使其在不分昼夜飞行时所产生的电流达到最大化。假设受到干扰，例如，迎面而来的直升机或小型飞机，甚至一只鸟，一个雷达系统能够在几秒钟内重新调整风筝航行方向。意大利都灵附近的小公司"巨杉自动控制"（Sequoia Automation）领导实施了这一项目，据估计，风筝风力发电机每兆瓦时能产生 10 亿瓦的电力，而每兆瓦时的成本仅有 1.5 欧元。而欧洲国家每兆瓦时发电的成本平均为 43 欧元，显然，风筝风力发电机的成本是后者的近 1/30。

支持者称，这种旋转木马发动机的其他组件加起来的成本也只有 36 万欧元，而且只需要有限的空间。据他们估计，即便直径只有 320 英尺（100 米），风筝风力发电机也可产生 5 亿瓦的能量。对巨杉自动控制公司而言，幸运的是，该公司员工可将它们带回家仔细研究。这家公司的核心产业是传感器设计和工业自动化装置。R&D 负责人马西莫·伊波利托受其悬挂式滑翔和风筝牵引冲浪等运动的激发，开始琢磨一种特殊的风力发电装置概念，最终风筝风力发电机诞生了。

在经过六年的艰苦研究和申请了七项专利后，他领导着一个 20 人的团队设计出可发电的巨型旋转木马（carousel）。该小组认为这一装置将在未来两年内投入使用。48 岁的伊波利托说："它被称之为一场革命，但我将此看作是新能源未来的一部分。一旦将光电发电、

光热发电及风筝风力发电机有效结合在一起，我们就能尽力满足日益上升的全球电力消耗的需求。"

伊波利托认为，鉴于其覆盖区域小却可产生巨大能量的特点，风筝风力发电机将成为首选风力发电机，使其优于诸如滑翔机发电机和风车发电机等类似项目。迄今为止，这一项目看上去极富前景。一种称为 MobileGen 的小型便携式风筝风力发电机（由平板载货车拉拽的一个风筝）在 8 月份的测试中就取得了进展。它能产生一定的能量，另外还有一系列改进。伊波利托表示，研究人员看到这种发电机运行时的心情简直难以言表。尽管如此，风筝风力发电机的发展前景似乎并不能一帆风顺。有人虽对这一概念表示赞赏，但仍持一种观望态度。

为意大利政府机构 ENEA 研究再生能源的卢西亚诺·佩拉奇说："鉴于风筝风力发电机的高发电量及低成本，这确实是一个令人神往的项目。不过，该项目仍存在一系列不确定因素——目前，它基本上还只是停留在绘图板上的一个概念而已。其可行性有待于进一步证明。"人们心中对这种新型发电机的巨大疑问包括，发电机的安放位置以及令人头痛的空域许可证行政审批手续等问题。根据专家现在的推测，风筝风力发电机有可能会耸立在以前曾是特里诺维切累斯核电站所处区域的上空，那里早已是禁飞区。

到 2010 年，意大利必须将其再生能源的比例增至总电量的 22%，以满足欧盟再生能源政策目标的要求。风力发电是再生能源的一个重要组成部分，而来自国内外企业的竞争有望将进一步加剧。因在风筝风力发电机项目上的出色表现，巨杉自动控制公司于

2006 年初被授予了"2006 世界再生能源奖"。

风筝风力发电机也使都灵公用事业公司 AEM 相信其所具有的巨大价值，这家公司最终同意承担风筝风力发电的实验样机40％的费用，并作为技术合作伙伴在合约上签了字。这是 AEM 公司首次进行此类项目的投资，这家公司距意大利主要进行风车发电的沿海地区较远。AEM 公司工程师安德里亚·庞塔说："当第一眼看到这个设计时，你会忍不住发笑，因为它的样子实在有些滑稽。不过，随着对它的了解逐步深入，你会发现，这个想法安全可靠，且这项技术已经存在。"

为什么电冰箱能制冷？

一般来说电冰箱包括以下 6 种制冷的原理：

压缩式电冰箱

该种电冰箱通常是由电动机提供机械能，通过压缩机对制冷系统做功。制冷系统利用低沸点的制冷剂，蒸发时，吸收汽化热的原理制成的。它的主要优点是寿命长，使用方便，现在世界上91％～95％的电冰箱属于这一类。

吸收式电冰箱

该种电冰箱能够利用热源（如煤气、煤油、电等）作为动力，

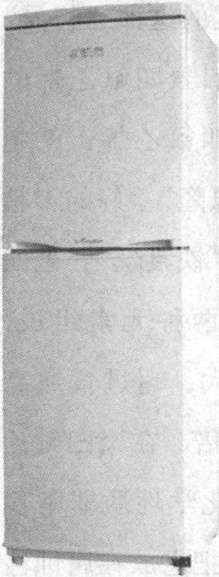

利用氨－水－氢混合溶液在连续吸收－扩散的过程中达到制冷的目的。不过，它的缺点是效率低，降温慢，现在已经逐渐被淘汰。

半导体电冰箱

它是利用对 PN 型半导体通以直流电，从而在结点上产生珀尔帖效应的原理来实现制冷的电冰箱。

化学冰箱

这主要是一种利用某些化学物质溶解于水时强烈吸热而获得制冷效果的冰箱。

电磁振动式冰箱

它是用电磁振动机作为动力来驱动压缩机的冰箱。它的原理、结构与压缩式电冰箱基本相同。

太阳能电冰箱

顾名思义，它是利用太阳能作为制冷能源的电冰箱。

为什么用不粘锅烹制食品不会粘底？

仔细观察，你就会发现，用普通铁锅炒菜或煮饭时，往往会发生食物被锅底粘结的现象。可是，当你用不粘锅烹制食品时，确实不会粘底。这是为什么呢？

原来，不粘锅的这种"特异"功能靠的是一种叫聚四氟乙烯的高分子材料。聚四氟乙烯，就是人们所说的"铁氟隆"。好的不粘锅内壁涂有一层"铁氟隆"，聚四氟乙烯由氟和碳两种元素组成，它的分子量特别大，超过普通高分子聚合物的10倍。在聚四氟乙烯分子内部，碳原子和氟原子结合得格外紧密，化学性质非常稳定，普通的酸、碱对它根本不起任何作用，就算是把它放在腐蚀性最强的水中煮沸，也不会发生任何变化。所以把聚四氟乙烯涂在锅底上，不但油、盐、酱、醋等奈何不了它，而且煎炸食物时也不会发生粘底现象。

而且，这种物质还可以填埋锅壁上一切细微的坎坷及凹凸不平（人的肉眼是无法看到这些凹凸的），使锅壁不再有任何缝隙。于是也就可以让入锅的物质（食物）不能通过任何方式固定在那些"坎坷"或"凹凸不平"上。这也就是食物不会粘在锅底上的主要原因了。

不过，也要注意，用不粘锅，切忌使用金属物刮划，这样会使涂层剥落，使锅露出本来面貌，那么就容易将"不粘锅"恢复至"总粘锅"了。用不粘锅，还要切忌空锅烤火。也就是说，锅里没东西时，尽量不要干烧。否则这样也会使涂层剥落。

为什么洗衣机能把衣服洗干净？

普通型波轮洗衣机

结构：主要是由洗衣桶、电动机、定时器、传动部件、箱体、箱盖及控制面板等部分组成。

工作原理：主要是依靠装在洗衣桶底部的波轮正、反旋转，带动衣物上、下、左、右不停地翻转，从而使衣物之间、衣物与桶壁之间，在水中进行柔和地磨擦，以在洗涤剂的作用下实现去污清洗的目的。

机械全自动洗衣机

结构：主要是由电动程控器、水位开关、安全开关（盖开关）、排水选择开关、不排水停机开关、贮水开关、漂洗选择开关、洗涤选择开关等部分组成。

工作原理：主要是通过各种开关组成控制电路，来控制电动机、进水阀、排水电磁铁及蜂鸣器的电压输出，从而使洗衣机实现程序运转。

超声波洗衣机

超声波洗衣机主要是通过超声波生发的微小气泡破裂时的作用来除垢的。而超声波则主要由插入电极的两个陶瓷振动组件产生

的。振动头的前端以极快的速度在微小的范围内上下振动。在振动头前端部分与衣物之间会一直不断地形成真空部分，并在此产生真空泡。在真空泡破裂之际，通常会产生冲击波，冲击波将衣物上污垢去除。

日本夏普公司已经开发出的超声波洗衣机是面向大型洗衣店的。目前，为使超声波洗衣机进入家庭，他们对洗衣店的超声波洗衣机作了改进，已经实现了小型化。

不过，改进后的效果不是很理想。夏普公司认为还需要重新设计并引进其他技术。目前超声波洗衣机也只是有条件的"不需要洗涤剂"，也许今后会有更好的产品登场。

活性氧去污垢洗衣机

这种洗衣机利用电解水产生的活性氧来分解衣服上的污垢。日本三洋公司利用这个原理已经研制开发出了一种新型的洗衣机。

金属钛制成的电极作为阳极和阴极，并在其中保持一定程度的电压。由于洗衣机中的自来水含有氯等，那么水就会被电解并产生活性氧和次氯酸。活性氧和次氯酸均具有分解污垢和杀菌的作用。所以可以把衣服消毒和洗净。

不过，也有专家指出，用这种方法洗衣服，其洁净度是非常有限的，尚有许多技术需要进一步改进。

电磁去污洗衣机

科研人员在洗衣机上安装了四个洗涤头，而且每个洗涤头上有一个夹子，在洗衣时将衣服夹住；每个洗涤头上还都装有电磁圈，一旦通电后，电磁圈就发出微振，频率一般可达 2500 次/秒。在快速的振动下，衣服上的污垢以及附着的皮脂迅速与衣服分离，于是就能达到洗净的目的了。

其他类型洗衣机

现在，还有一些不用洗涤剂的洗衣机尚处在研究、试制阶段。如有一种洗衣机可以在几秒钟内将洗衣机桶内的空气抽成真空状态，使水呈沸腾状、衣服在泡沫旋涡中反复搅动，2 分钟就可以洗净了。这种洗衣机内没有旋转部件，不会损伤衣服，同时无振动、噪声，也不需要洗涤剂。

还有一种洗衣机用臭氧发生器将臭氧泵入洗衣机内的水中，臭氧分子能够分解衣服上的尘埃和污垢中的有机物分子，并将其溶入水中，从而将衣服洗净。这种洗衣机的污水经过过滤后，可以多次循环使用，所以还是一种既节能又不会造成污染的洗衣机。

为什么肥皂能洗掉油污？

我们平常说的洗掉衣服上的油污，就是让油污和衣服分离。油垢是不能溶解在水里的，不过肥皂却可以溶解在水里，水解成氢氧化钠和高级脂肪酸。氢氧化钠和高级脂肪酸可以使衣服上的油脂起化学反应，变成溶解于水的物质，从衣服上分离开来。而且，还能产生很多泡沫，吸附住分离开的油脂。这样一来，在氢氧化钠和高级脂肪酸的共同作用下，油污就被清洗掉了。

古时候，人们在河边的青石板上，往往是把要洗的衣服折叠好，反复用木棒捶打，依靠清水的冲刷洗掉污垢。后来，人们发现了一种天然的碱矿石，它能溶解在水里，用它来洗衣服效果非常好。人们还发现了皂荚树的果实、稻草和麦秸烧成的草木灰，也有很好的去污作用。古时候的法国人就曾经用草木灰、山羊油和水制作成了一种粗糙的肥皂。

到了近代，人们把猪油和天然碱拌和，进行反复揉搓挤压，做成和今天肥皂差不多的"猪胰子皂"，至今有的老年人还把肥皂叫做"胰子"。

我们现在用的肥皂通常都是从工厂里制造出来的。制皂厂里有一口口大锅，大锅里盛着混合油脂，再加进烧碱用火熬煮。一旦油脂和烧碱发生化学反应，就会生成肥皂和甘油。等到熬煮了一段时间以后，加进一些食盐的细粉，大锅里便会浮出厚厚的像牙膏一样的物体，然后用刮板把它刮到肥皂模型盒里，再加入一定数量的辅料。冷却以后，它们就成了一块块的肥皂了。

合成洗涤剂是近些年来产生的一类替代肥皂的去污剂，比较常见的有洗衣粉、洗洁精等。合成洗涤剂和肥皂的去污原理一样，既能溶油又可以溶水，在各种不同的水中都可以有比较好的去污能力。有些合成洗涤剂中还添加了荧光增白剂，能够使白色更加洁白，花色更加鲜艳；还有一些无泡或少泡的洗涤剂，适合在洗衣机、洗碗机里使用。

为什么能人工降雨？

怎样人工降雨

把天上的水实实在在地全部降到地面上来，不让它白白跑掉，这就是人工降雨，不过它更为科学的称谓是人工增雨。分为空中、地面作业两种方法。

空中作业是利用飞机在云中播撒催化剂。地面作业则一般是利用高炮、火箭从地面上发射。往往，炮弹会在云中爆炸，把炮弹中的碘化银燃成烟剂撒在云中。火箭在到达云中高度以后，碘化银剂

就会开始点燃，随着火箭的飞行，沿途拉烟播撒。飞机作业通常选择稳定性天气，才能确保安全。一般高炮、火箭作业较为广泛。

人工降雨所需的条件

人工降雨是要有充分的条件的。通常自然降水的产生，不仅需要一定的宏观天气条件，而且还需要满足云中的微物理条件，比如：0℃以上的暖云中要有大水滴；0℃以下的冷云中要有冰晶，如果没有这个条件，天气形势再好，云层条件再好，也不会下雨。不过，在自然的情况下，这种微物理条件有时就不具备；有时就算具备但又不够充分。前者根本不会产生降水；后者则降雨很少。那么此时，倘若人工向云中播撒人工冰核，使云中产生凝结或凝华的冰水转化过程，再借助水滴的自然碰并过程，就可以使降雨产生或使雨量加大。催化剂在云中起的作用，打个不太确切的比方说，就如同是盐卤点豆腐，使本来不会产生的降水得以产生，而已经产生的降水强度增大。

人工降雨对人无害

人工降雨的原理主要是让积雨云中的水滴体积变大掉落下来，高炮人工降雨就是将含有碘化银的炮弹打入有大量积雨云的4000～5000米高空，于是碘化银在高空扩散，成为云中水滴的凝聚核。通常水滴在其周围迅速凝聚达到一定体积后就会降落。而碘化银由炮弹输送到高空，就会扩散为肉眼都难以分辨的小颗粒。

和巨量的水滴相比，升上高空的碘化银只是沧海一粟，因为太多了不仅不会增雨反而会把积雨云"吓跑"，所以，在这种悬殊的情况下，人们绝不会感觉到碘化银的存在。

而且，炮弹弹片在高空爆炸后会化成不足 30 克，甚至只有两三克的碎屑降落地面，其所落区域都是在此之前实验和测算好了的无人区，绝对不会对人体造成伤害。同时，人工降雨已有一段历史，技术已经较为成熟，所以对人工降雨人们大可不必心存疑虑。

为什么直升机不用在跑道上起飞？

直升机启动发动机带动旋翼旋转后，因为旋翼桨叶与空气的相对运动，就会产生向上的气动力。倘若旋翼不向任何方向倾斜，那么气动力是垂直向上的，实际上它就是托起直升机的升力。因为是向上的，所以不用滑行，那么也就不用跑道了。

如果旋翼向前倾斜，那么它产生的气动力也会向前倾斜。这个倾斜的力，通常可分解为一个垂直向上的力和一个水平向前的力。其中垂直向上的力就是直升机飞行所需的升力，而水平向前的力就是驱动直升机向前飞行的作用力。飞行员只要操纵旋翼向后倾斜，那么旋翼产生的气动力就会向后倾斜。而这个向后倾斜的力又可以分解为一个垂直向上的升力和一个水平向后的拉力，正是这个水平向后的拉力使直升机得以实现向后倒退飞行的。

同样，倘若直升机要向左或向右侧飞，飞行员只要操纵旋翼向左或向右倾斜就可以实现。所以我们看到直升机主旋翼与机身连接

处都会有一些类似万向节的装置。而一些较小型的直升机向前飞或者侧飞、倒飞的时候，由于气流的反作用力，机身都会呈倾斜状态。

单旋翼直升机在飞行时，旋翼往往会不停地旋转，空气对旋翼就会产生一个大小相等、方向相反的反作用力矩。而在这个反作用力矩的作用下，直升机机体就会向旋翼旋转的反方向扭转，以致无法飞行。而尾桨所产生的侧力对直升机重心形成的力矩，正好与空气对旋翼的反作用力矩相反。如果能控制好尾桨侧推力的大小，它就能够抵消空气对旋翼的反作用力矩，制止直升机机体的扭转。所以尾桨又叫做抗扭螺旋桨。控制尾桨侧力的大小，直升机就会实现转向飞行，所以人们一般把尾桨双叫方向螺旋桨。一些新款直升机省去了尾桨，靠的是主旋翼产生的气流通过导流管传到尾部，向侧面喷射而产生侧推力，其原理也大体相同。

为什么灯泡要做成梨形？

我们知道，电灯泡的灯丝是用金属钨制成的。通电后，灯丝发热，温度高达2500℃以上。于是金属钨在高温下升华，一部分金属钨的微粒便从灯丝表面跑出来，沉淀在灯泡内壁上。那么时间一长，灯泡就会变黑，降低亮度，影响照明。

科学家们针对气体对流是自下而上运动的特点，在灯泡内充上少量惰性气体，并把灯泡做成梨形。这样一来，灯泡内的惰性气体对流时，金属钨蒸发的黑色微粒大部分就会被气体卷到上方，沉积在灯泡的颈部，便可以减轻对灯泡周围和底部的影响，保持玻璃透明，从而使灯泡亮度不受影响。

为什么吸尘器能吸走灰尘？

吸尘器能除尘，主要是因为它的"头部"装有一个电动抽风机。抽风机的转轴上有风叶轮，通电后，抽风机通常就会以每秒5000圈的转速产生极强的吸力和压力。在吸力和压力的作用下，空

气高速排出，而风机前端吸尘部分的空气不断地补充风机中的空气，从而使吸尘器内部产生瞬时真空，和外界大气压形成负压差。然后在此压差的作用下，吸入含灰尘的空气。灰尘等杂物依次通过地毯或地板刷、长接管、弯管、软管、软管接头进入滤尘袋。随即灰尘等杂物又会滞留在滤尘袋内，空气经过滤片净化后，由机体尾部排出。由于气体经过电机时被加热，所以吸尘器尾部排出的气体往往都是热的。

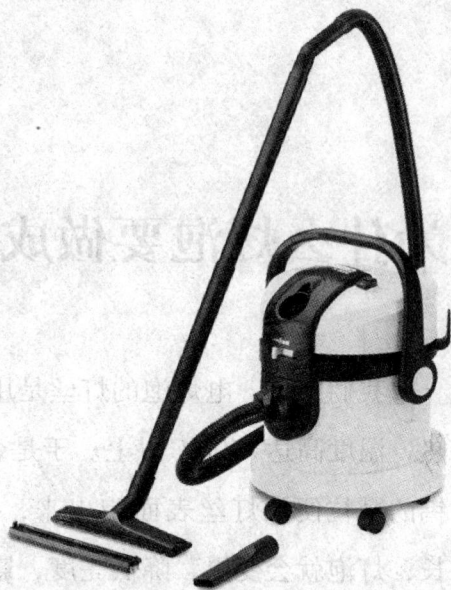

　　吸尘器的吸尘桶内装有一个专门收集灰尘的盒子，尘垢便留在集尘盒里，盒子装满后，可取出用水刷洗清理。吸尘器配上不同的部件，能够完成不同的清洁工作，如配上地板刷就能清洁地面，配上扁毛刷可清洁沙发面、床单、窗帘等，配上小吸嘴可以清除小角落的尘埃和一些家庭器具内的尘垢等。

为什么夜光表夜里会发光？

有了夜光表（钟），哪怕是在伸手不见五指地黑夜里，依然可以清晰地看见它的针指着几点钟。那浅绿色地荧光，好比一盏盏小小的霓虹灯。

夜光表为什么会发光呢？原来是因为，在指针与表盘的阿拉伯数字上，都涂有发光物质，这种发光物质主要是由两种东西——硫化锌（也有用硫化钙）与放射性物质组成。

硫化锌是一种白色的粉末。它在光线的照射下，会隐隐约约射出浅绿色的荧光。不过，这种光并不像电灯光、太阳光那么热，所以叫做冷光。但是，如果你把光源拿开后，那么硫化锌那浅绿色的冷光也就会变淡，慢慢地熄灭了。

那该怎么办呢？聪明的人们在它里面加入一点放射性物质，如碳、硫、锶、铊以及镭或钋的同位素，如此就能不断地射出看不见的放射性射线、激发硫化锌，不断射出浅绿色冷光了。这就是夜光表可以不断发光的秘密。

在飞机和大炮的仪表上涂了这种荧光化学材料以后，飞行员和炮兵就是在黑夜时也照样可以准确地操作。

有趣的是，纯净的硫化锌在放射性射线照射下，往往不发光或

发光很弱，然而，加入万分之一的铜化合物之后，却能大大增强冷光。铜化合物被称为激活剂。加了铜化合物后，硫化锌就会射出浅绿色的光。如果改用锰化合物作激活剂，就会射出橙光。而用银化合物则会射出蓝光。一般的夜光表，都是用氯化铜或硝酸铜作激活剂的。但是，也有一些金属化合物是"促退派"，例如，硫化锌中含有十万分之一的铁或镍，就会使它的发光能力减弱一半！正是因为如此，用作发光材料的硫化锌必须极其纯净。

有人担心戴了夜光表，会有害于健康。其实这种担心完全是多余的。因为夜光表上放射性物质是十分微少的，对健康不会有什么影响。

为什么火柴一划就燃烧？

安全火柴中的成分：火柴头主要由氧化剂（$KClO_3$）、易燃物（如二氧化锰、硫磺等）和粘合剂等组成；火柴杆上涂有少量的石蜡；火柴盒侧面则主要由红磷、三硫化二锑、粘合剂（玻璃粉）组成。当你去划火柴时，火柴头和火柴盒侧面就会摩擦发热，于是放出的热量就会使 $KClO_3$ 分解，产生少量氧气，从而使红磷着火，最后引起火柴头上易燃物（如硫）燃烧，这样火柴便划着了。

火柴着火的主要过程表现如下：

火柴头在火柴盒上划动时，产生的热量使磷燃烧；然后磷燃烧放出的热量使氯酸钾分解；氯酸钾分解放出的氧气开始与硫发生反应；硫与氧气反应放出的热量引燃了石蜡，最终使得火柴杆着火。

安全火柴的优点在于它能把红磷与氧化剂分开，不仅较为安全，而且所用的化学物质都无毒性。所以也被叫做安全火柴。

为什么自行车前叉是弯曲的。

不知道聪明的你骑自行车时有没有发现，车前叉是弯曲的？

我们知道，自行车与地面只有两个接触点，本身是不稳定的。当自行车在不小心向左倾斜时，那么重心自然就落在了前后轮接地点连线的左侧，车体通过车把向左下方压前轮。而这个力的作用线（自然就是车把绕车体转动的轴线）是落在前轮接地点的前方的，因此这个向下压的力就作用在已经左倾的前轮的前半部上，所以这个力就使前轮向左转。

但由于前叉又是向前弯曲的，所以前叉左转时会使前轮向左偏移，于是前轮的接地点也会随之向左偏移。那么此时的重心可能就到了前后轮接地点连线的右侧，如此一来，车体就自动停止左倾，并向右扶正了。

车把向左转得越多，前后轮接地点连线左移就越多，于是重心

就显得越靠右，扶正就越快。要是车把向左转得不够，车还会向左倾斜；不过有时也会由于前轮向左移得太多（也就是说，车把向左转得太多），使得中心相对太靠右，那么车体又开始右倾，于是发生左右来回摇晃，车把也会产生左右来回摆动的现象。

为什么无声手枪射击时没声？

微声枪俗称为"无声枪"，它是一种射击噪声十分微弱的手枪。它主要是采用枪口消音器以及其他一些特殊技术措施，来消减其射击噪声的。它可以隐蔽射击，也可以用于执行特殊的任务。

其实，无声手枪射击时并不是绝对无声的，只是声音很轻，以致离射击地点稍远一点就听不到枪声了，或者就算听到声音，也不会认为那是枪声。

通常，枪在射击时，会产生十分强烈的噪声。这是由于高温、高压的火药气体从枪口喷出时，往往会冲击周围空气，产生激波，发出声音。同时，子弹以超音速在空气中飞行时也容易产生激波，发出啸声。此外自动机运动时也发出零件的撞击声。

而无声手枪实际上就是针对以上几点采取了一系列的消声措施。首先，枪弹采用速燃火药，从而就会大大降低了膛口压力，减小了排气时的噪声；其次，采用枪口消声装置，进一步降低喷出枪

口的火药气体的压力，从而减少对大气的冲击，以便达到消声的目的；再者，使弹丸飞行的速度小于音速，以便消除啸声；此外，采用非自动射击为主的射击方式，以减少撞击声。

正是由于采取了这样一些消声手段，无声手枪射击时才会显得悄然无声。

一般常见的微声类的枪包括微声手枪、微声冲锋枪，而微声步枪则是其中很少见的一种。枪械射出的噪声一般过大，不仅会暴露射手，而且还会伤害士兵的听觉器官，影响士兵的情绪，甚至还会削弱士兵的战斗力。

为什么无影灯下的物体无影？

手术台上用的都是无影灯，为的是可以让手术更顺利地进行。

可是，无影灯下为什么无影呢？

影子是光照射物体形成的。地球上各处的影子是不同的。例

如，北极圈里是影子的"大人国"，因为那里的太阳光斜照，影子在茫茫雪原上往往会伸展得很远；赤道地带则是影子的"小人国"，因为那里的太阳高悬天空，影子往往会变得很小。仔细观察电灯光下的影子，还可以发现影子中部特别黑暗，四周稍浅。影子中部特别黑暗的部分称为本影，四周灰暗的部分叫半影。这些现象的产生都和光的直线传播有十分密切的关系。

假如把一个柱形茶叶筒放在桌上，旁边点燃一支蜡烛，那么茶叶筒就会投下清晰的影子。如果在茶叶筒旁点燃两支蜡烛，那么就会形成两个相叠而不重合的影子。两影相叠部分完全没有光线射到，是全黑的，这就是上面说的本影。本影旁边只有一支蜡烛可照到的地方，就是半明半暗的半影。要是我们点燃三支甚至四支蜡烛，那么本影部分就会逐渐缩小，而半影部分会出现很多层次。物体在电灯光下可以生成由本影和半影组成的影子，也是这个道理。

电灯是由一条弯曲的灯丝在发光，通常不只限于一点。从这一个点射来的光给物体遮住了，但是从另一些点射过来的光并不一定全被挡住。很显然，发光物体的面积越大，那么本影就越小。如果我们在上述茶叶筒周围点上一圈蜡烛，那么这时本影就会完全消失，半影也淡得看不见了。

科学家根据上述原理制成了手术用的无影灯。它将发光强度非常大的灯在灯盘上排列成圆形，合成一个大面积的光源。这样一来，就能从不同角度把光线照射到手术台上，既保证手术时有足够的亮度，同时又不会产生很明显的本影，所以取名叫做无影灯。

为什么声控灯有声音就会亮？

如今，不少小区的楼道中都安装了声控灯，人们在夜晚进入漆黑的楼道时，不用摸索墙上的开关，只要拍拍手或跺跺脚，灯就可以自动变亮。这其中有什么奥妙吗？

其实，声控灯的关键器件是电路里的"小话筒"——声传感器。它可以将声波以电信号的形式输出，电信号经过专用的芯片处理就能够控制电子开关，这样一来灯就亮了。

准确来说，声控灯是一种声控电子照明装置，主要由音频放大器、选频电路、延时开启电路和可控硅电路组成。其实，它应该叫做声光控灯，这是因为它和光线有关系。在白天，即使你放鞭炮，声控灯都不会亮。这是由于它里面还有一个检测光线的光传感器。所以，在白天有光的时候，灯总是灭的，只有到了晚上发出声响的时候，灯才会变亮。

为什么温度计中用汞而不用水？

我们都知道，温度计是测温仪器的总称。根据所用测温物质的不同和测温范围的不同，一般有煤油温度计、酒精温度计、水银温度计、气体温度计、电阻温度计、温差电偶温度计、辐射温度计以及光测温度计等。

最早的温度计是在 1593 年由意大利科学家伽利略所发明的。他的第一只温度计是一根一端敞口的玻璃管，另一端则是核桃大的玻璃泡。使用时要先给玻璃泡加热，然后把玻璃管插入水中。那么随着温度的变化，玻璃管中的水面就会上下移动，根据移动的多少就能够判定温度的高低和变化。这种温度计，受外界大气压强等环境因素的影响较大，因而测量误差大。

后来伽利略的学生和其他科学家，在这个温度计的基础上反复改进，如把玻璃管倒过来，把液体放在管内，把玻璃管封闭等。其中比较突出的是法国人布利奥在 1659 年制造的温度计，他把玻璃泡的体积缩小，同时把测温物质改为水银，这样的温度计已具备了现在温度计的雏形。

再以后，有个荷兰人华伦海特在 1709 年利用酒精，在 1714 年又利用水银作为测量物质，制造了更加精确的温度计。他观察了水的沸腾温度、水和冰混合时的温度以及盐水和冰混合时的温度。经过反复实验与核准之后，最后他把一定浓度的盐水凝固时的温度定为 0 ℉，把纯水凝固时的温度定为 32 ℉，把标准大气压下水沸腾的温度定为 212 ℉，用℉代表华氏温度，这就是华氏温度计。

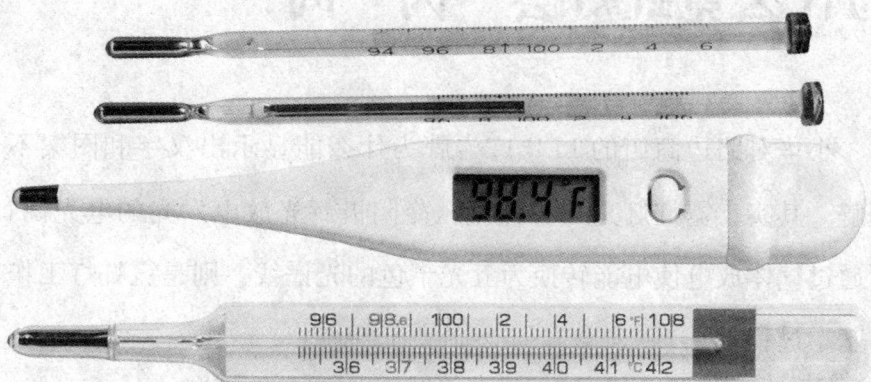

几乎在华氏温度计出现的同时，法国人列缪尔也设计制造了一种温度计。他认为水银的膨胀系数太小，不适合做测温物质。他专心研究了用酒精作为测温物质的优点。他经过反复实践发现，含有 1/5 水的酒精，在水的结冰温度和沸腾温度之间，其体积的膨胀是从 1000 个体积单位增大到 1080 个体积单位。所以他把冰点和沸点之间分成 80 份，定为这种温度计的温度分度，这就是列氏温度计。

华氏温度计制成后又经过了大约三十多年，瑞典人摄尔修斯于 1742 年改进了华伦海特温度计的刻度。他把水的沸点定为零度，然后把水的冰点定为 100 度。后来他的同事施勒默尔把两个温度点的数值给倒了过来，于是就成了现在的百分温度，也就是摄氏温度，用℃表示。

为什么霓虹灯会一闪一闪？

　　小华对路边商店的 LED 广告牌为什么能显示出汉字和图案不理解。其实，霓虹灯是一种低气压冷阴极辉光放电发光的电光源。而通过气体放电使电能转换为五光十色的光谱线，则是霓虹灯工作的基本过程。

　　其实，在日常生活中我们经常会看到一些气体放电发光的现象。例如，下雨时的闪电、电焊时的弧光、无轨电车双导线脱轨的瞬间打火等，这些其实都是气体放电的现象。

　　一般情况下，气体是良好的绝缘体，不能传导电流。但是，在强电场、光辐射、粒子轰击和高温加热等条件下，气体分子往往也会发生电离，产生出可以自由移动的带电粒子，并在电场作用下形成电流，从而使绝缘的气体成为良好的导体。这种电流通过气体的现象就被称为气体放电现象。

　　为了研究气体放电发光的现象，我们不妨将一根两端装有电极的玻璃管抽成真空，同时充入不同的惰性气体，当两电极间施加一定电压时，玻璃管就会发出五颜六色的光。

　　现代的商品霓虹灯已基本定型生产，通常分三种类型：纯氖型，发红色光；氖汞型，发蓝色光；充氩汞并在管壁内涂荧光粉，这种灯管一般可用不同荧光粉做成多种颜色。在通电的情况下，霓虹灯管就可以发出五颜六色的光来。

霓虹灯自1910年问世以来，历经百年不衰。它是一种十分特殊的低气压冷阴极辉光放电发光的电光源，而不同于其他诸如荧光灯、高压钠灯、金属卤化物灯、水银灯、白炽灯之类的弧光灯。

为什么破冰船能破冰？

破冰船，是一种用于开辟冰封河海航道的轮船。一般来说，船首前倾，船体较宽，结构坚固，既可以用尖硬的船首冲破较薄的冰层，又可以通过调节船首船尾的吃水，压挤破碎较厚的冰层。

我们知道，两极地区的冬季十分寒冷，由于海面结冰，船只无法通行，因此对极地的探测也往往难以进行。为了在冰封的海面上航行，俄国人布里特涅夫将一艘普通船进行了改装。他将船头做成有斜度的，这样一来，船头便不会直接碰撞冰块，而是像铁锹一样，可以滑到冰面上去，然后利用船身的重量将冰压碎。如此反复进行，那么就可以开出一条航道了。这是世界上最早的破冰船——"贺驶员号"。

到了1959年，苏联又建成了采用原子核能动力装置的"列宁"号破冰船。这个船可以连续航行两三年而不需要加"燃料"。原子

破冰船的动力大，还增加了船体钢板的厚度，用以增强破冰的能力。此外，还有一些比较新颖的破冰船在船头下方加装了一个螺旋桨和一种能够抽取冰层下面海水的装置，使破冰的速度增加了很多。

为什么保鲜膜、保鲜袋能保鲜？

食品保鲜膜按材质可以分为聚乙烯（PE）、聚氯乙烯（PVC）、聚偏二氯乙烯（PVDC）等种类。PE 和 PVDC 是安全的，而 PVC 通常被广泛用于食品、蔬菜外包装，它对人体的潜在危害主要来源于两个方面。其中一个是产品中氯乙烯单体残留量（氯乙烯对人体的安全限量标准为小于 1mg/kg）。别一个则是加工过程中使用的加工助剂的种类及含量。现行国际标准和我国国家标准都允许限量使用己二酸二辛酯（即 DOA）作为增塑剂（不超过35%）。

质检总局共对44 种 PVC 食品保鲜膜进行了专项国家监督抽查，所检样品的氯乙烯单体含量都是小于 1mg/kg 的，全部符合国家标准以及 1991 年国际食品法典委员会（CAC）公布的要求。所以说，PE、PVDC 是符合国家标准的，是安全的，消费者大可以放心使用。

抽查的同时还发现，一些主要用于外包装的 PVC 保鲜膜含有不被国家相关标准允许使用的二己二酸酯（DEHA）增塑剂，如果含有 DEHA 的保鲜膜遇上油脂或高温时（超过 100 摄氏度），增塑剂就很容易释放出来，随食物进入人体后对健康带来不好的影响。

质检总局向社会公开表示，PVC 保鲜膜可以有限制地使用，不过绝对不能含有 DEHA。与此同时，商家用 PVC 保鲜膜直接包装肉食、熟食或者油脂食品的行为被明令禁止。

未标明"不含 DEHA"字样，或者未明示能够用微波炉等加热的，应该停止销售和使用。针对消费者来说，即使 PVC 食品保鲜膜符合国家标准，也不宜直接用于包装肉食、熟食及油脂食品，也不可以直接用微波炉加热。

理想的保鲜膜应该符合以下条件：

容易被拉出及剪开；

容易与玻璃、陶瓷及不锈钢面餐具（但非保鲜膜本身）黏合；

接近透明并没有折皱、厚度不均等情况出现；

可以抵受一般拉扯的压力。

为什么火车必须在钢轨上行驶？

我们都知道，火车的车轮是铁的，如果想高速平稳地运行，就不能在水泥地面上，因为水泥地面是非常粗糙的，并且容易破损，柏油地面则硬度不够，无法承载整个列车。

所以必须依靠可以承重，同时又有足够的硬度和韧性的材质来制造路面。而这些都是钢材所具备的属性，所以火车必须运行在钢轨上。不过光有钢轨还不够。

地面是软的，即便钢轨能承受火车的重量，地面也无法承受，因为地面要承受火车和钢轨的总重。所以这就是为什么钢轨必须铺在梯形路基上的原因。如果注意观察的话，还会发现，铁路的路基截面是梯形的（桥梁上也是）。最上面是钢轨，然后是枕木（现在都是水泥枕木），到了枕木下面则是碎石子，用来把力量分散开。碎石子下面都是用轧路机压过很多次的硬地面，通常可以用土，也可以用公路路基用的那种黑土。如果不这样造的话，钢轨会由于承受不住火车的重量而陷入泥土中。

为什么螺旋桨战舰不漏水？

螺旋桨的传动轴从船体内部伸出，那么传动轴的穿孔是怎样保持密封的呢？

在19世纪，人们找到了一种十分优秀的密封材料：铁梨木。铁梨木原产于南美，它密度非常大，非常耐磨，遇水还会略有膨胀。用铁梨木制成与传动轴直径相当的圆环，传动轴从木环中穿过，这样就能够基本保证密封性。但任何密封措施都不能做到滴水不漏，实际上在任何舰船上，螺旋桨穿孔都会有少量渗水，应该定期将水排出船外。

随着舰船的大型化，尾轴承受的水压也会越来越大，转速也越来越快，仅靠普通的木环和黄油盒无法保证密封效果。现代战舰上，尾轴的密封是用多道油封和水封来实现的。其中油封采用压力密封方法。

在尾轴处有一个传感器，通过它可以知道在不同吃水下尾轴外面的水压。在船体内侧有管路与船上的一个油柜相连接，按照传感器获得的水压对油柜内的液面高度进行调节，可以使油封内的密封油压力与外界的水压相等，从而达到压力平衡，以达到阻止水通过尾轴渗入的密封效果。

同时，潜艇尾轴所受的水压往往是水面舰艇的几十倍。潜艇尾轴的密封需要极其复杂的端面密封结构，它主要由皮碗环、动静环和密封填料组成。皮碗环装在尾轴最外侧，主要是用来保证螺旋桨不转动时尾轴的密封性。皮碗环之后是在尾轴转动时起密封作用的动静环。当螺旋桨工作时，冷却水系统就会向动静环与尾轴表面之间的空隙注入冷却水，冷却水会沿着尾轴表面向艇外方向流动。到达皮碗环处时，冷却水的压力比艇外海水压力稍高，因此冷却水能很容易冲开皮碗环，从皮碗环与尾轴之间通过。这样一来，皮碗环与尾轴表面不接触，就能保证尾轴顺畅转动。而且因为出来的冷却水压力比海水压力高，所以海水不会通过这个通道进入艇内。

为什么相控阵雷达天线不用转动？

只要一提起雷达，人们自然就会联想到那不停转动的天线，半圆形的像个大锅盖，弧形的像块西瓜皮，矩形的像几排鱼骨，五花八门。然而，相控阵雷达却与众不同。它不仅看起来像座平顶的金字塔，而且还不用转动天线。那么它是怎样来进行扫描、发现目标的呢？

一般的雷达波束扫描主要是靠雷达天线的转动实现的，被称为机械扫描。而相控阵雷达则主要是用电的方式控制雷达波束的指向变动来进行扫描发现目标的。这种方式叫做电扫描。相控阵雷达虽然不能像其他雷达那样靠旋转天线来使电磁瓣转动，一个相位一个相位地进行搜索，但是它却自有自己的"绝招"，即使用"移相器"来实现电磁瓣转动。

在相控阵雷达直径为几十米的圆形天线阵上，排列着上万个可以发射电磁波的辐射器，每个辐射器配有一个"移相器"，都由电子计算机控制。当雷达工作时，电子计算机就通过控制这些"移相器"，来改变辐射器向空中发射电磁波的"相位"，使电磁瓣能像转动的天线一样，一个相位一个相位地偏转，从而完成对空搜索使命。美国装备的"铺路爪"相控阵预警雷达在固定不动的圆形天线阵上，排列着 15360 个可以发射电磁波的辐射器和 2000 个不发射电磁波的辐射器。这 15360 个辐射器一共分成 96 组，与其他不发射电磁波的辐射器搭配起来。这样一来，每组由各自的发射机供给电能，也由各自的接收机来接收自己的回波。所以，它实际上是 96 部雷达的组合体。要是我们把通常的雷达称作"个体户"，那么相控阵雷达就相当于是一个"合作社"了。

相控阵雷达使用 1 个不动的天线阵面，就能够对 120 度扇面内的目标进行探测；使用 3 个天线阵面，就可以实现 360 度无间断的目标探测和跟踪。"铺路爪"就有 3 个固定不动的大型天线阵面，能够对 360 度范围内的目标进行探测，探测距离长达 5000 公里。

当相控阵雷达警戒、搜索远距离目标时，尽管看不到天线转动，但上万个辐射器通过电子计算机控制集中向一个方向发射、偏转，就算是上万公里外来袭的洲际导弹和几万公里远的卫星，也逃不过它的"眼睛"。倘若是对付较近的目标，这些辐射器又可以分工负责，有的搜索，有的跟踪，有的引导，可以同时工作。每个"移相器"都能根据自己担负的任务，使电磁瓣在不同的方向上偏转，相当于无数个天线在转动，其速度之快非普通天线所能相比。

正是因为这种雷达天线摒弃了一般雷达天线的工作原理，利用"移相器"来实现电磁瓣的转动，所以人们才给它起了个与众不同的名字——相控阵雷达，它代表着"相位可以控制的天线阵"的含义。

生物医药科技篇

为什么可以人工合成氨基酸?

我们知道,所有的细胞,不管是植物的、动物的,还是细菌的,它们都毫无例外地具有一个最重要的部分——蛋白质,这是构成生命的基础。建造蛋白质分子的"积木",叫做"氨基酸"。不同数量、性质的氨基酸,就像拼积木一般,可以"拼"成许许多多的蛋白质。

1953年,在美国芝加哥大学的"教授会"上,一位博士研究生斯唐来·米勒设计的实验方案正在被审议着。教授们看清楚米勒的实验方案后,不禁大吃一惊:年仅23岁的米勒,竟然想在容器里人工合成氨基酸!

"氨基酸是构成生命的重要物质基础,还没有生命的地球经过几十亿年才孕育出来,怎么可能在试管中形成呢?"

"年轻人,不要浪费宝贵的时间和精力,这是绝对不可能实现

的计划！"

米勒则是充满自信地说："只要我们能模拟出原始地球的还原性大气，再模仿当时经常电闪雷鸣的自然条件，就很有可能产生氨基酸！"

实际上，米勒的实验方案并不是凭空想象出来的。早在1936年，俄国生物学家奥巴林就出版了《生命的起源》一书，并且译成了英文。这位第一个详细研究生命起源的人，他在书中阐述了自己的研究成果，认为生命一定起源于这样的大气中：以氢、甲烷、水蒸气为主，同时有一个溶有大量氨的海洋。尤里教授也是研究原始地球大气的学者之一，他很赞同奥巴林的观点。

米勒设计了一种特殊的大玻璃容器。为了保证实验制成的复杂化合物一定不是活细胞形成的，他先把仪器抽成真空，并用130℃高温连续消毒了18个小时。然后，再通入氨、甲烷、氢气，这些气体混合的比例与推测的原始大气基本相同。

接着，他在另一个同样消毒过的玻璃容器中将水煮沸，形成的蒸气经过一根玻璃管进入第一个玻璃仪器中。在蒸气的推动下，氨、甲烷和氢气形成的混合气体又经过另一根玻璃管回到沸腾的水中。米勒让第二根玻璃管保持冷却状态，因而蒸气在尚未滴回原来的容器前就转变为水了。

这样，在沸水的带动下，氨、甲烷、氢和水蒸气的混合物就在这套特殊的装置中不停地循环。

还需要考虑的一个问题是能量的供应。米勒和尤里推测，有两种可能的能源：一是太阳的紫外线；一是来自闪电的电火花。"紫外线很容易被玻璃瓶吸收，我想可以用连续的电火花来供应能量。"米勒推测道。

这样，米勒的实验真正开始了，他现在只需要时间和认真的观察。米勒发现，水和空气开始时是无色的，但是到了一天晚上，水变成了粉红色。随着时间的推移，水的颜色越来越深，直到最后成为深红色。

实验进行了110个小时之后，氨的浓度迅速下降，氨基酸的比例则持续上升。一个星期过去了，实验的第8天，米勒终于得到了期望的结果：在这个容器里面，出现了甘氨酸、丙氨酸、谷氨酸等重要的氨基酸。

其中，甘氨酸和丙氨酸是构成各种蛋白质的19种氨基酸"积木"中的两种，也是所有氨基酸中最简单的。

就这样，米勒把小小的容器变成浓缩了的原始地球，重演了几十亿年前发生的惊天动地的奇迹，展示了原始地球合成有机物的生动图景。

人工合成氨基酸的成功，震动了整个生物学界。在探索生命起源的征途上，人类又迈出了重要的一大步。

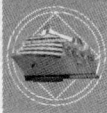

为什么说基因破解了生命的
千古密码？

十多年前，科学界就预言说，21世纪是一个基因工程的世纪。人类基因工程走过的主要历程怎样呢？

1866年，奥地利遗传学家孟德尔神父发现生物的遗传基因规律；

1868年，瑞士生物学家弗里德里希发现细胞核内存有酸性和蛋白质两个部分，酸性部分就是后来的所谓的DNA；

1882年，德国胚胎学家瓦尔特弗莱明在研究蝾螈细胞时发现细胞核内包含有大量的分裂的线状物体，也就是后来的染色体；

1944年，美国科研人员证明DNA是大多数有机体的遗传原料，而不是蛋白质；

1953年，美国生化学家华森和英国物理学家克里克宣布他们发现了DNA的双螺旋结构，奠定了基因工程的基础；

1980年，第一只经过基因改造的老鼠诞生；

1996年，第一只克隆羊诞生；

1999年，美国科学家破解了人类第22组基因序列图；

未来的计划是可以根据基因图有针对性地对有关病症下药。

1953 年 4 月 25 日，年轻的美国科学家詹姆斯·华森和英国科学家弗朗西斯·克里克，在英国《自然》杂志发表不足千字的短信，正式提出 DNA（脱氧核糖核酸）双螺旋结构模型。

DNA 结构这一分子生物学最基本的谜团揭开后，释放出的能量惊人。

"没有什么分子像 DNA 那样动人。它让科学家着迷，给艺术家灵感，向社会发出挑战。从任何意义说，它都是一种现代的标志。"最初发表华森等人论文的《自然》杂志，在今年早些时候出版的 DNA 结构发现 50 周年特辑中如此概括。

发现双螺旋结构，为基因工程奠定了基础：50 年来，在研究 DNA 过程中涌现出的基因克隆、基因组测序以及聚合酶链式反应等技术，直接促进了现代生物技术产业的兴起。一些高产、抗病虫害的优质转基因农作物产品，已经走上了餐桌。"国际获得农业生物技术应用服务"机构的调查显示，2002 年，全球种植转基因作物的面积达到五千八百多万公顷，目前已有 16 个国家的 600 万农民靠种植转基因作物为生。

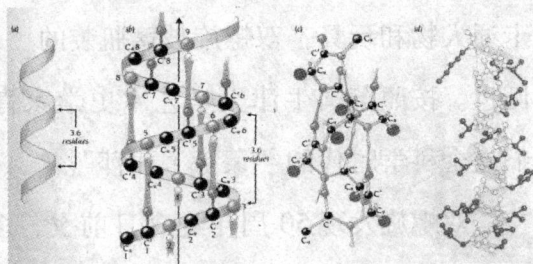

发现双螺旋结构，使当代医学受益良多：分子生物学使科学家能更深入地研究基因等遗传因素在疾病发作中的作用，为设计药物提供了新的手段，同时也催生了基因诊断以及基于 DNA 技术的治疗新方法。用基因工程技术开发出的干扰素、胰岛素和抗体等，成

为近年来增速最快的新型治疗手段。

发现双螺旋结构，在人类生活的众多层面打下印记：利用DNA充当"福尔摩斯"侦破悬案或进行身份认定，早已不是什么稀罕事了。据报道，仅美国2002年实施的DNA亲子鉴定就有三十多万例。在美国，迄今已有一百二十多人依赖DNA法医鉴定技术为自己洗刷了不白之冤。

发现双螺旋结构，甚至在社会文化领域产生影响：简洁、优雅和深邃的双螺旋结构，成为当代科学的最佳"形象代言人"、艺术家们灵感的泉源。它登上超现实主义画家达利的画布，变成雕塑、卡通人物和玩具，双螺旋玻璃瓶装的"DNA"品牌香水已于几年前问世。按照英国牛津大学艺术史学家肯普的比喻，DNA分子是我们这个科学时代的"蒙娜·丽莎"。

双螺旋发现50周年纪念日前夕，多国合作的人类基因组序列图宣告提前绘成，人体DNA中30亿个碱基的排列顺序，已经成为各国科学家免费取用的数据。从华森和克里克发现DNA以4个"字母"的形式记录遗传信息，到读出人类生命"说明书"，这就是半个世纪来生命科学的发展速度。已逾古稀之年的华森为此感慨："在1953年，我根本不可能梦想到我的科学生涯，能够跨越从DNA双螺旋到人类基因组的整个路途。"

然而，"每个黄金时代都有紧张、危险和恐惧这类成分"。美国历史学家斯塔夫理阿诺斯在《全球通史》的后记中提醒说。生命科学的黄时代也同样如此。随着对生命奥秘的了解和深入，人类如何理智地控制改造自然的冲动、安全地运用科学技术，已经成为举世瞩目的问题。基因歧视、基因隐私、基因鸿沟、设计遗传上完美无缺的婴儿、克隆人、生物武器等话题，体现了当前人们对生命科学的担忧。

但科学探索的进程不会因一些暂时的困难而止步。DNA 双螺旋结构发现 50 年来，生命的很多秘密已经被解开，但剩下的秘密更多。一切不过只是刚刚开始。"今天比我起步的时候有更多的新的疆域，"华森在接受美国《时代》周刊采访时曾表示，"未来几百年中，还会有足够多的问题需要人们去应对。"

为什么 X 射线在医学上的应用占有重要地位？

1895 年德国物理学家伦琴在研究阴极射线管中气体放电现象时，用一只嵌有两个金属电极（一个叫做阳极，一个叫做阴极）的密封玻璃管，在电极两端加上几万伏的高压电，用抽气机从玻璃管内抽出空气。为了遮住高压放电时的光线（一种弧光）外泄，在玻璃管外面套上一层黑色纸板。他在暗室中进行这项实验时，偶然发现距离玻璃管两米远的地方，一块用铂氰化钡溶液浸洗过的纸板发出明亮的荧光。再进一步试验，用纸板、木板、衣服及厚约两千页的书，都遮挡不住这种荧光。更令人惊奇的是，当用手去拿这块发

荧光的纸板时，竟在纸板上看到了手骨的影像。

当时伦琴认定：这是一种人眼看不见、但能穿透物体的射线。因无法解释它的原理，不明它的性质，故借用了数学中代表未知数的"X"作为代号，称为"X"射线（或简称X线）。这就是X射线的发现与名称的由来。此名一直延用至今。后人为纪念伦琴的这一伟大发现，又把它命名为伦琴射线。

X射线的发现在人类历史上具有极其重要的意义，它为自然科学和医学开辟了一条崭新的道路，为此1901年伦琴荣获物理学第一个诺贝尔奖金。

科学总是在不断发展的，经伦琴及各国科学家的反复实践和研究，逐渐揭示了X射线的本质，证实它是一种波长极短，能量很大的电磁波。它的波长比可见光的波长更短（约在 $0.001 \sim 100nm$，医学上应用的X射线波长约在 $0.001 \sim 0.1nm$ 之间），它的光子能量比可见光的光子能量大几万至几十万倍。

在医学上，X射线技术已成为对疾病进行诊断和治疗的专门学科，在医疗卫生事业中占有重要地位。自从X光在1895年被发现后，医学界便广泛利用它作诊断用途。X光拥有能穿透物质的特性，相同的X光能量，对于不同密度的物质，有不同的穿透能力。因为人体的器官及骨骼有着不同的密度，当X光投射及穿透人体某个部位后，便能在菲林（X光片）上造成深浅不同的影像。这些影像对于病症诊断有很大的帮助，最常见的检查是应用于诊断骨折及肺部的疾病上。近年，一些介入性而有治疗作用的X光检查，也很普遍。根据统计，医疗诊断仪器中，X光的使用便占了60%。

　　X光在医学发展历史中扮演了举足轻重的角色，从小诊所到大医院，X光造影通常是第一线的诊断工具，当X射线穿过物质时，会产生两种物理现象；X光的吸收与折射。传统的X光造影呈像，是利用射线穿过不同物质吸收时，在底片表现出的灰白色阶影像，通常影像的对比及分辨率较差。传统的X光诊断，有其技术上与安全上尚未突破的盲点，特别是软组织病变的侦测，因此研究者从X光的物理特性来试着改善目前医疗诊断所遇到的瓶颈。于是部分的研究学者开始探讨有关X光折射在医学影像的应用，希望透过不同的成像方式，可以得到理想的诊断结果。

　　X射线应用于医学诊断，主要依据X射线的穿透作用、差别吸收、感光作用和荧光作用。由于X射线穿过人体时，受到不同程度的吸收，如骨骼吸收的X射线量比肌肉吸收的量要多，那么通过人体后的X射线量就不一样，这样便携带了人体各部密度分布的信息，在荧光屏上或摄影胶片上引起的荧光作用或感光作用的强弱就有较大差别，因而在荧光屏上或摄影胶片上（经过显影、定影）将显示出不同密度的阴影。根据阴影浓淡的对比，结合临床表现、化验结果和病理诊断，即可判断人体某一部分是否正常。于是，X射线诊断技术便成了世界上最早应用的非刨伤性的内脏检查技术。

　　X射线应用于治疗，主要依据其生物效应，应用不同能量的X射线对人体病灶部分的细胞组织进行照射时，即可使被照射的细胞组织受到破坏或抑制，从而达到对某些疾病，特别是肿瘤的治疗目的。

　　在利用X射线的同时，人们发现了导致病人脱发、皮肤烧伤、

工作人员视力障碍、白血病等射线伤害的问题，为防止 X 射线对人体的伤害，必须采取相应的防护措施。以上构成了 X 射线应用于医学方面的三大环节——诊断、治疗和防护。

为什么会出现试管婴儿？

1944 年，美国人洛克和门金首次进行这方面的尝试。

1965 年，英国生理学家爱德华兹和妇科医生斯蒂托提出了在玻璃试管内可能受孕的证据。经过 10 多年的努力，他们找到了解决问题的办法：从妇女体内取出卵子，在实验的试管中培养受精，细胞分裂一开始，就将其放回妇女的子宫内培育。

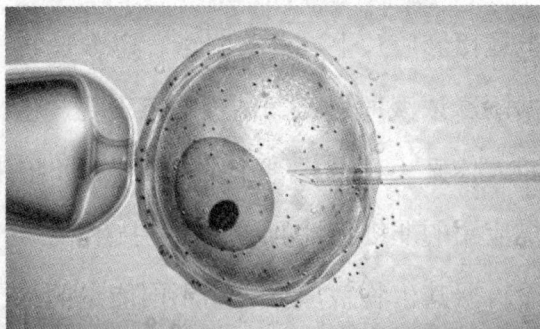

第一个试管婴儿于 1978 年 7 月 25 日 23 时 47 分在英国的奥尔德姆市医院诞生，她的名字叫路易丝·布朗。全世界的新闻媒体都把聚焦的镜头瞄准了她，因为她有一个特殊的称谓："试管婴儿"。也就是说在人类千百万年的进化历史上出现了一个新的孩子，她与别的孩子不同，走了一段与常人不同的路程。路易丝·布朗的母亲梅·布朗因输卵管有病而不能生育。斯蒂托和爱德华兹从梅·布朗（时年31岁）体内提取卵子，再取她丈夫（时年38岁）的精液一起放入一个试管内，使卵子受精，然后将受精卵重新移入梅·布朗的子宫内。9个多月后就生下了路易丝·布朗。

试管婴儿育成长的事实为许多患有输卵管疾病而不能生育的妇女带来了希望，它也是人类胚胎学的重大突破。到1997年，仅英国就诞生试管婴儿2万多名。

奇迹不断出现。就在刘易斯·布朗诞生20年后，世界上又有一个新的生命出现了。它就是英国的克隆羊"多莉"。这件被称为"创世纪的杰作"，其工作基础，正是试管婴儿技术。差别在于后者使用的不再是精子，而是用体细胞或胚胎细胞的细胞核，与卵子结合，进行所谓的"无性生殖"。20世纪真是生命科学的辉煌时代。

为什么会产生转基因生物？

一切生物，不管是细菌、植物、动物，还是人类，都具有基因。这些基因通过一种复杂的密码控制生物的遗传特征，比如一片叶子的大小和形状，一个人的眼睛和头发的颜色。看上去像尼龙绳一样的DNA分子是储存基因信息的支架。根据DNA传递出的信息，细胞会制造出适合生物体需要的特殊蛋白质。

近年来，科学家们已能借助某种酶从细胞中分离出含有特定基因的 DNA 片段，再把这一基因植入到另一种生物体的 DNA 中。这样，一种杀虫基因就可以被分离出来，转移到玉米的细胞中，使这种玉米变得能够抗病虫害。

人们把这种借助基因工程技术植入了新基因的生物，就叫做转基因生物。

转基因作物有益于农业

出现于 20 世纪 80 年代初的转基因作物对农业有两大益处。首先是改善了种植条件，可以少施化学药剂而获得更高的产量。其次是提高了产品质量，使农产品更富有营养，更易于保存和消化吸收。

转基因作物有许多优点，比如说抗病毒能力更强。转基因土豆、西红柿和甜瓜可以抵抗多种病毒、细菌或真菌的侵害。这类作物的抗虫性也有所提高，可以不借助化学杀虫剂而进行自我保护。它们还能承受更厉害的除草剂，目前在美国种植的一种转基因大豆就能适应全能除草剂。此外，人们正在研制具有抗冷、抗旱、抗盐碱特性的转基因作物，已经发现一种草莓具有制造"防冻蛋白"的基因。

在美国，目前有两千多万公顷土地用于种植转基因作物，主要是玉米、大豆和棉花。在法国，人们的态度则较为谨慎，1998 年只有 3 种转基因玉米被获准种植，而且种植面积只有 1430 公顷。

转基因作物对环境的影响

为了保护农作物不受杂草、寄生虫和害虫的侵害，长期以来唯一的办法就是使用化学药剂。而具有抗病虫能力的转基因作物的出现，可以使人们减少对化学制品的使用，从而更好地保护环境。

"最初的结果是非常令人鼓舞的。"法国国立农业研究院主任居伊·利巴说，"我们越来越趋近于对作物进行综合保护，也就是把化学、生物和使用抗病品种等手段巧妙地结合起来。"

但是转基因作物也给环境带来了一些危害。这方面最著名的例子是一种具有抗除草剂性能的转基因油菜。人们发现这种油菜通过花粉和种子能把它的抗除草剂基因传递给与它同属一科的杂草，结果使桂竹香、芝麻菜和芥菜大量繁殖，疯长得到处都是！

现在法国人已经成立了一些反思小组来研究这种新技术的影响。在 1998 年 6 月召开的"转基因生物应用公民大会"上，人们列举了这项技术给环境造成的主要危害：无序繁殖、改变生态系统以及破坏传统作物的多样性。1998 年 10 月，法国国民议会批准成立了一个"本土生物控制与监督"机构，其职责是跟踪由转基因生物制成的产品在环境中的扩散情况。

然而，尽管存在种种问题，转基因生物的发展仍然有着广阔的前景。如何更好地利用这一新技术为人类造福，是各国科学家应该认真思考的问题。

为什么无土也能种植蔬菜?

俗话说:"万物土中生。"它的意思是说,世界上的一切,都是依靠着土,才能够生长。我们每天不能缺少的食物和衣物等,大都来自植物,这些东西是直接从土壤里生长出来的。植物的生长,需要一定的水分、养分、空气、光照和适当的温度,只要满足这些条件,植物就会正常生长。植物扎根在土壤里,主要是吸收土壤里的水分和各种营养物质,假使我们不在土壤中,而用含有各种营养物质的水溶液来种蔬菜,行不行呢?

在 19 世纪,科学家曾使用水溶液(水培法)进行过植物的生理学实验。经过近 70 年时间,1929 年美国加利

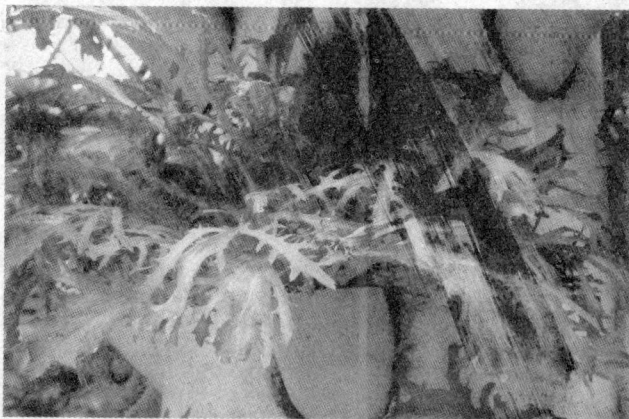

福尼亚大学教授格里克用营养水溶液种出了一株 7.5 米高的西红柿,收果实 14 千克,首创了无土栽培蔬菜的先例。目前美国已有一些家庭自己生产蔬菜,其中绝大部分都是应用无土栽培技术生产

的。日本、法国、加拿大等国家也都有一定面积的无土栽培蔬菜。我国近几年来也用无土栽培法栽培蔬菜，不少城市的郊区已应用无土培育蔬菜秧苗。

由于世界各国广泛地进行无土栽培蔬菜，创造了不少栽培方式，但总括起来有水培、沙培、沙培和营养膜培养等。营养水溶液的配方也有上百种之多，主要是根据各种蔬菜对养分的需要配制的，一般常用的也只是少数几种，其中之一是：硫酸铵 8～10 份，过磷酸钙 5～6 份，硫酸钾 2～3 份，硫酸镁 2～3 份，按上述化肥的重量总和，加水 500 倍，可配成营养液，并将营养液酸碱度（pH）调整为 5.5～6 就行了。如果有条件的话，再加上硫酸锌、硫酸锰、硫酸铜、硼酸等微量元素，约占上述化肥总分量的 0.1%。最简单的无土栽培方法就是在一个容器中铺上 15～20 厘米厚的沙和砾石，种上蔬菜秧苗，定期浇灌营养水溶液，就能使蔬菜生长旺盛。

随着科学技术的发展，如今无土栽培蔬菜可在密闭的栽培室里进行，自动控制温（温度）、光（光照）、水（营养水溶液）、气（二氧化碳）等，从而实现了蔬菜生产的工厂化、自动化。

为什么除草剂能辨别杂草？

杂草是农业生产的大敌。据估计，全世界粮食生产中，由于粮食作物与杂草争肥、争水、争光等原因，每年造成粮食减产10%左右。这样，杂草的"劲敌"——除草剂，便在科学家的手中"应运而生"了。

目前除草剂的种类很多，但按它的作用方式来划分，可分为灭生性和选择性两大类。灭生性除草剂如氯酸钠、砷酸化合物等，它的灭草威力大，但其弱点是"良莠不分"、"一刀切"，将接触药液的作物统统置于死地，所以多数人对它敬而远之。这类除草剂不能在农田里使用，只能用于除草开荒和道路灭草。

选择性除草剂，就像人长了眼睛似的，它能有选择地杀死杂草，而对作物却秋毫无犯。它的除草形式是多种多样的：有的对杂草原生质有毒，能阻碍细胞的分裂；有的引发杂草出现畸形生长；有的抑制杂草体内细胞呼吸酶的活动；有的造成杂草体内营养物质的迅速分解；有的则抑制杂草的光合作用或代谢作用。例如常用的除草剂西马津，它会抑制杂草的代谢作用，使杂草枯萎而死。棉田常用的敌草隆和变草隆除草剂，能抑制杂草的光合作用。"二四滴"类除草剂能有选择地杀除双子叶杂草，而不易杀死单子叶杂草和伤害禾谷类作物，这是利用了双子叶植物和单子叶植物在形态上的巨大差异。水稻和稗草虽属同一类植物，但敌稗能杀死稻田中的稗草而不伤害水稻，这是因为水稻体内有一种水解酶，能将敌稗水解为无毒物质，而稗草没有这种酶，因而就"遇刺身亡"了。

在农业生产中应用最多的是选择性除草剂，它好像孙悟空一样长着火眼金睛，能准确地辨别杂草和庄稼。这主要是由于杂草和庄稼在形态上、生理上以及发育时期等方面存在着不同差异，这些差异对药剂会产生不同的抵抗力，因而得到不同的灭杀效果。当然，不同的农作物还需选择不同的除草剂。

近年来诞生了一种广谱除草剂叫草甘磷，它只杀死杂草，不伤害庄稼，这又是怎么回事呢？这是科技工作者运用高新技术改造作物的成果。他们通过一系列的培养，将抗草甘磷的 EPSP 合成酶基因引入到烟草中，使烟草具有抗草甘磷的能力。用草甘磷喷洒烟草，便出现了惊人的奇迹：杂草被杀死了，但烟草却安然无恙，茁壮生长。

另外，科技工作者还把抗草甘磷的 EPSP 合成酶基因转入到矮牵牛植物的细胞里，抗除草剂基因也得到高效运用。因而，这项技术成为粮食作物中引进选择性除草剂耐受性策略的基本方法。

现在，农业科技工作者已获得了抗特定除草剂的一些转基因蔬菜、油菜、大豆、棉花等，使除草剂能真正地辨别杂草，进而将杂草杀灭。

为什么杂交水稻产量高？

20 世纪 70 年代，在东方文明古国的广阔土地上，爆发了一场震撼世界的"绿色革命"。中国培育成功被誉为"第二次绿色革命"的杂交水稻，已经增产了几百亿斤粮食，并在亚洲、非洲、美洲许多国家推广成功，被公认为是继墨西哥矮秆小麦培育成功之后又一项对解决世界性粮食短缺有重大意义的科学发明。为这一胜利立下头功的，是湖南省农业科学研究院杂交水稻研究中心主任的袁隆平教授。

袁隆平是湖南人，出生于一个普通农民家庭，自幼参加田间劳动，热爱乡村的一草一木，也体会到每粒稻谷所含的艰辛。他于 1959 年在西南农学院农学系毕业后，就来到湖南黔阳农校担任遗传育种教师。利用杂种第一代的优势提高农作物产量，是实现农业生产突破的最经济、最有效的技术手段。早在 20 世纪三四十年代，美国就推广了杂交玉米，50 年代，墨西哥又出现了矮秆高产的杂交小麦。但是自 20 年代以来，育种学家们培育自花授粉的水稻杂交优良品种的工作却一直没能获得成功。袁隆平在农校一边结合教学，及时了解外界水稻育种动态；一边细心观察周围稻田具有特殊性状的植株。

1964 年夏天，他首次发现了雄性不育株，以后又率先提出了通过培育水稻三系（雄性不育系、保持系、恢复系）进行杂交的设想，并进行田间实验。1973 年，他终于突破难关，在世界上第一个育成强优势籼型杂交水稻。1974 年和 1975 年在南方多处试种效果良好，1976 年后开始大面积推广。从此，中国成为世界上第一个实现利用水稻杂交优势的国家。

杂交水稻在实践中立刻显示了它的增产效应，单产一般比常规稻增产 20% 左右。1975 年，全国多点示范杂交水稻 5600 多亩，1976 年迅速扩大到 208 万亩，并在全国范围开始大面积应用于生产。目前，杂交水稻年种植面积超过 2 亿亩，占水稻总种植面积的 51%，而产量约占水稻总产的 60%。真可谓一粒种子改写了历史，一粒种子改变了世界。

杂交水稻的成功带来了巨大效益，为解决中国的粮食需求问题发挥了极其重要的作用。因此，这项成果 1981 年获得了国家特等发明奖。成功与光环并没有使这位科学家止步。1987 年，国家"863"计划将两系法杂交水稻研究立为

专题，袁隆平挂帅组成了两系法杂交水稻研究协作组。

据说在湖南农民中流传着这样的顺口溜："吃饭靠'两平'，一靠搞责任制的邓小平，二靠培养出杂交稻的袁隆平。"一家无形资产评估机构按照袁隆平培育的杂交水稻增产值计算，评估他个人的品牌价值为 1000 亿元。

如今杂交水稻让平均水稻亩产从 1950 年的 140 公斤提高到 1998 年的 450 公斤。1975 年至 1998 年的几年间因此累计增产粮食 3.5 亿吨，相当于每年解决了 3500 万人的吃饭问题。

1980 年，籼型杂交水稻作为我国第一项出口专利转让给美国，很短时间内为许多稻米生产国引种。杂交水稻在解决世界的饥饿问题上正日益显示出强大的生命力。正如美国著名的农业经济学家唐·帕尔伯格所说的："随着农业科学的发展，饥饿的威胁在退却。袁（隆平）正引导我们走向一个营养充足的世界。"

为了表彰袁隆平对国家和人民做出的杰出贡献，1981 年国家科委向他颁发了新中国成立以来的第一个特等发明奖。1985 年，联合国世界知识产权组织向他颁发了发明创造金质奖。1987 年联合国教科文组织授予他科学奖。1988 年他又荣获英国朗克基金奖。国际友人赞誉他为"中国杂交水稻之父"。

为什么核糖核酸干扰分子技术
可治病?

心脏病、肝炎、癌症和艾滋病等大都是人类基因变异或病毒细菌入侵造成的。

如果能发现一种简单的技术,随意关闭某些特殊基因,从理论上讲就可治愈这些疾病。

曾在马·普研究院工作的生物化学家汤玛斯·塔斯奇尔,在人体内可能找到了这种开关:核糖核酸干扰分子。

塔斯奇尔发现,当将这种小双螺旋分子导入人细胞内并瞄准某种基因时,就可阻止基因发挥作用。

当时很多人怀疑这一发现,因为以前也有人提出用核糖核酸干扰分子技术来治愈疾病,但都属于骗术。

一年后,这一方法就迅速为公众所接受,许多大公司和大学纷纷投巨资进行研究,甚至有人提名塔斯奇尔为诺贝尔奖候选人。

现在,很多药物公司及生物技术公司正寻求利用核糖核酸干扰分子来治疗疾病。

在马萨诸塞州,塔斯奇尔与他人一起建立了阿拉玛药物公司,希望能生产出治疗癌症、艾滋病和其他疾病的核糖核酸干扰分子

药物。

将核糖核酸干扰分子从实验室研究成果转变成真正药物所遇到的最大困难，是如何将这种核糖核酸分子运送到患者的大量细胞内。

在试验中，仅是将核糖核酸干扰分子运送到单个细胞内，而向大量细胞运送则要困难得多。

据预测，核糖核酸干扰分子疗法可能要 3～4 年才能进入市场应用阶段。

为什么用抗氧化制剂可以治疗老年性白内障？

俄罗斯国立医学大学的生物物理学家认为，老年性白内障的主要病因是眼球的晶状体细胞膜被自由基逐渐氧化，因此使用以肌肽为原料的抗氧化制剂可以治疗老年性白内障。

自由基是人体内活性很强的原子或原子团，能够对人体内其他物质进行氧化。俄专家指出，眼球晶状体的表面覆盖着上皮细胞，其中抗氧化剂含量很高，能够抵御自由基的侵害。但是进入老年之后，随着部分人晶状体上皮细胞中的抗氧化剂含量的逐渐减少，自由基便可通过细胞间的物质交换，与晶状体细胞膜发生氧化反应，使晶状体日渐浑浊。

目前白内障治疗方法主要是使用药物对白内障的发展进程尽量延缓，待白内障发展到一定程度时，再通过手术将其清除。但是，这种方法并不能使所有白内障患者的眼球完全复明。

俄专家在研究中发现，鸟类的眼球中含有一种类似于肌肽的物质。鸟类几乎不得白内障，便是这类物质作用的结果。根据这一线索，科研人员以动物肌肉中的肌肽为原料制成了名为 NACA 的抗氧化制剂。这种抗氧化制剂的有效成分可以穿过眼球的角膜，抵达晶状体，抵御自由基。此外，该抗氧化制剂中的保护成分可使抗氧化物质在人体的消化道和血液中稳定存在。因此，专家还将这种抗氧化制剂制成了可以内服的药片。

实验结果显示，在白内障发展的最初阶段，这种抗氧化制剂中的有效成分可阻止白内障的进一步发展。对于中晚期白内障，该抗氧化制剂可使晶状体完全变浑浊的时间推迟数年。目前，俄专家正在对抗氧化剂遏制白内障发展的机理进行继续研究，以期增强此类药物的疗效。

为什么说生物芯片与基因芯片
是一次科技革命?

生物芯片是上世纪 80 年代末在生命科学领域中迅速发展起来的一项高新技术,它主要是指通过微加工技术和微电子技术在固格体芯片表面构建的微型生物化学分析系统,以实现对细胞、蛋白质、DNA 以及其他生物组分的准确、快速、大信息量的检测。

常用的生物芯片分为三大类:基因芯片、蛋白质芯片和芯片实验室。生物芯片的主要特点是高通量、微型化和自动化。芯片上集成的成千上万的密集排列的分子微阵列,能够在短时间内分析大量的生物分子,使人们快速准确地获取样品中的生物信息,效率是传统检测手段的成百上千倍。它将是继大规模集成电路之后的又一次具有深远意义的科学技术革命。

生物芯片通常的生物化学反应过程包括三步,即样品的制备、生化反应、结果的检测和分析。可将这三步不同步骤集成为不同用途的生物芯片,所以据此可将生物芯片分为不同的类型。例如用于样品制备的生物芯片,生化反应生物芯片及各种检测用生物芯片等。现在,已经有不少研究人员试图将整个生化检测分析过程缩微到芯片上,形成所谓的"芯片实验室"(Lab－on－chip)。"芯片实验室"通过微细加工工艺制作的微滤器、微反应器、微泵、微阀门、微电极等以实现对生物样品从制备、生化反应到检测和分析的全过程，从而极大地缩短了检测和分析时间，节省了实验材料。

样品制备芯片的目的是将通常需要在实验室进行的多个操作步骤集成于微芯片上。目前，样品制备芯片主要通过升温、变压脉冲以及化学裂解等方式对细胞进行破碎，通过微滤器、介电电泳等手段实现生物大分子的分离。

生化反应芯片即在芯片上完成生物化学反应。与传统生化反应过程的区别主要在于，它可以高效、快速地完成生物化学反应。例如，在芯片上进行 PCR 反应，可以节约实验试剂，提高反应速度，并可完成多个片段的扩增反应。当前，由于检测和分析的灵敏度所限，通常在对微量核酸样品进行检测时必须事先对其进行一定程度的扩增。所以用于 PCR 的芯片无疑为快速大量扩增样品多个 DNA 片段提供了有力的工具。

检测芯片顾名思义是用来检测生物样品的。例如用毛细管电泳芯片进行 DNA 突变的检测，用于表达谱检测、突变分析、多态性测定的 DNA 微点阵芯片（也称 DNA 芯片、基因芯片），用于大量不同蛋白检测和表位分析的蛋白或多肽微点阵芯片（也称蛋白或多肽芯片）。

芯片实验室是生物芯片技术发展的最终目标。它将样品的制备、生化反应到检测分析的整个过程集约化形成微型分析系统。现在，已经有由加热器、微泵、微阀、微流量控制器、微电极、电子化学和电子发光探测器等组成的芯片实验室问世，并出现了将生化

反应、样品制备、检测和分析等部分集成的芯片。

例如可以将样品的制备和 PCR 扩增反应同时完成于一块小小的芯片之上。再如 Gene Logic 公司设计制造的生物芯片可以从待检样品中分离出 DNA 或 RNA，并对其进行荧光标记，然后当样品流过固定于栅栏状微通道内的寡核苷酸探针时便可捕获与之互补的靶核酸序列。应用其自己开发的检测设备即可实现对杂交结果的检测与分析。这种芯片由于寡核苷酸探针具有较大的吸附表面积，所以可以灵敏地检测到稀有基因的变化。同时，由于该芯片设计的微通道具有浓缩和富集作用，所以可以加速杂交反应，缩短测试时间，从而降低了测试成本。

综观生物芯片的发展，检测用生物芯片的发展最为迅猛。目前，检测用生物芯片主要为微点阵技术。

基因芯片是生物芯片研究中最先实现商品化的产品。它利用核酸双链的互补碱基之间的氢键作用，形成稳定的双链结构，通过检测目的单链上的荧光信号，来实现样品的检测。目前，比较成熟的产品有检测基因突变的芯片，检测细胞基因表达水平的表达基因芯片。

为什么电磁波可以激发免疫系统?

俄科学院细胞生物物理学研究所的专家发现,频率为 8.15~18 千兆赫,功率在 0.3~1 微瓦之间的电磁波可以激发动物的免疫系统。

据该所所长费先科介绍,正常情况下动物的免疫系统,会使动物体内保持一定含量的肿瘤坏死因子。当动物体内出现毒素、发生细胞变异和外界的病原侵入动物体内时,动物的免疫系统会针对这3 种物质制造出不同的抗体,以对其进行抵御。俄专家以对付上述3 种物质的抗体和肿瘤坏死因子的含量为检测对象,对电磁波与动物免疫系统之间的关系进行了研究。

据俄《消息报》报道,俄专家每天用频率为 8.15~18 千兆赫,功率在 0.3~1 微瓦之间的电磁波对实验鼠连续辐射 1.5 小时。如此一连持续了 35 天。35 天内科研人员定期检查了老鼠的免疫系统。根据统计结果俄专家发现,与未接受辐射前相比,35 天中健康老鼠的肿瘤坏死因子含量增加约 1.5 倍。当老鼠被移植了癌细胞后,接受电磁辐射的老鼠的上述因子含量比未接受辐射的老鼠高得多。抗体总含量化验结果显示,免疫力弱的老鼠在接受电磁辐射后,其对付毒素、细胞变异和病原的抗体总含量可上升约 1 倍。免疫力正

常的老鼠经电磁辐射后，上述抗体的总含量变化不大。

俄专家表示，目前科研人员暂时仍无法解答与电磁波辐射实验相关的三个问题。

一、频率为 8.15~18 千兆赫，功率在 0.3~1 微瓦之间的电磁波在激发动物免疫系统时是否会对动物的健康产生不利影响；

二、在上述频率和功率以外的电磁波是否会产生同样的效应；

三、电磁波究竟是如何激发免疫系统的。

专家指出，如果能通过进一步研究证明电磁辐射确实可以安全激发动物的免疫系统，那么上述发现将有助于开发出电磁波免疫疗法。

为什么激光诊断器可诊病？

美国研究人员发明了一种"激光诊断器"，病人只要呼出一口气，仪器就可从其中所含的分子数量判断患了哪种疾病，日后还可追踪服药效果。

发明这种诊断器的俄克拉何马大学电机系教授麦侃说，精神分裂症病人的呼吸中所含的二硫化碳分子特别多，测试样本里面该分子数量达到某一程度，就表示样本的主人确实患有精神分裂症。

此激光诊断器也能测出气喘病人呼吸中所含的氧化亚氮数量。

麦侃表示，希望不久可使用该仪器诊断肺癌、乳癌、二型糖尿病、肝功能、肾功能等疾病。

该仪器也可测出药物所含分子，因此可追踪药效。精神分裂症病人服药一段时间后用这种仪器进行测试，如果二硫化碳分子数目减少了，表示服药生效。

预计此诊断仪不久可在一家医院正式启用，每测试一次需要10～20美元。

为什么移植让失明病人有了新希望？

眼睛是最重要的人体器官之一，双目失明意味着永远生活在黑暗之中。因此，人们在形容需要精心保护的东西时，会说要像保护眼睛一样。现代医学技术对大多数失明者仍然束手无策，只能医治为数不多的病症或损伤。不过，生物工程技术的一项新突破为一些失明者带来了希望。

科学家从被损伤的眼睛上取出一些细胞，在实验室里培养，然后再把这些细胞重新移植到眼睛上，病人就能重见天日了。这听起来好像是科学幻想小说里才发生的事情，实际上在一些国家已取得实质性进展。

科学家先从角膜缘，也就是角膜周围连接巩膜的部分提取一些

干细胞，把它们放在实验室内经过严格消毒的薄膜上培养。几个星期后，这些细胞长成大约 5～10 个细胞厚的薄膜。医生按照需要，把这个薄膜切割成不同尺寸的小块，然后缝在眼睛受损伤的角膜上。角膜是包在虹膜外边一层透明的膜。

医生对这些病人采用新的治疗方法是因为病人的角膜受到严重损伤，已经没有办法用传统的角膜移植手术来恢复视力了。经过治疗以后，14 名美国病人当中有 10 人、6 名中国病人当中有 5 人视力得到一定程度的恢复。

有一些人失明是因为患了色素性视网膜炎。人的视网膜厚度只有头发直径那样薄。色素性视网膜炎是遗传性的、逐渐发展的疾病。病人眼睛里分辨光和颜色的视网膜细胞发生功能退化，根据美国约翰·霍普金斯大学的统计，这是造成 60 岁以下人失明的最主要疾病，全世界约有 150 万患者。科研人员新开发出来的人造视网膜为这些患者重见光明带来了希望。

人造视网膜是由美国伊利诺伊州的视觉仿生公司发明的。已有 3 名双目失明的色素性视网膜炎患者接受了人造视网膜的移植手术。人造视网膜的表面装有成千上万个微型太阳能电池。这个装置安放在视网膜下的间隙里。这些微型太阳能电池刺激视网膜内没有受到损害的细胞。

为什么纳米球可解毒？

德国科学家日前研制出一种纳米尺度的空心小球，可以在人体内部"捕捉"镉和铅等重金属毒素，给重金属中毒患者解毒。这一成果发表在新一期《化学通讯》杂志上。

来自马克斯·普朗克协会以及弗劳恩霍夫协会的科学家们从人体细胞膜的功能受到启发：细胞是一个大致为圆形的结构，内部具有一定空间，表层的细胞膜只允许某些特定物质通过。科学家因此设想，制造出具有类似结构的微粒，在人体内部吸收那些对人体构成危害的特定元素。根据这一构想，科学家们最终成功制造出这种纳米空心球。

据介绍，科学家首先采用一种特殊合成材料作为空心球体内部支架，然后选用另外两种特殊物质。它们不但可以加固这一支架，而且可以吸附重金属元素，此外，还可以有效承载外层薄膜。之后，科学家在特殊的显微镜下为小球表面覆盖碳层薄膜，并使得该外层具有直径为 10.4 纳米左右的孔隙。这正是重金属元素可以顺利通过的尺度。当这种纳米空心球被放入人体后，就可以有效捕捉人体内部的重金属毒素，并将其"囚禁"起来，最终排出人体。

科学家介绍说，这种微粒具有广泛的应用前景。选择不同的内部

吸附物质就可以达到不同的医疗效果。此外，该微粒还可以用作药物运送装置，以定向方式运送药物至人体病患部位释放，达到最佳疗效。

为什么生物肥料能改良土壤？

墨西哥国立理工学院的科研人员花费 3 年时间研制出一种既能提高农作物产量，又能改良土壤、改善生态环境的生物肥料。

该理工学院所属综合发展研究中心的科学家们透露，这种生物肥料是以一种内生菌根类植物为主要原料的天然肥料。这种植物能吸收土壤中的磷和其他营养成分，提高土壤肥力。

这项研究工作的负责人伊格纳西奥·马尔多纳多说，他们在墨西哥北部西红柿重要产区锡那罗亚州进行的试验取得了令人满意的成果。

他说，这种生物肥料有效改善了土质，提高了西红柿的产量，同时避免了滥施化肥和杀虫剂给生态环境带来的污染。

马尔多纳多还表示，他们将建立一个内生菌根类植物的种子库，研究这种植物亲代和后代之间的遗传特征，以便今后用这种生物肥料来改良受化肥污染的农田土壤。他说，他们将进一步探索适合其他农作物生长的生物肥料。

迄今为止，墨西哥科研人员采用固氮技术，研制出一种适合玉米、高粱、小麦和洋葱等作物的无污染生物肥料，并已投入生产。

为什么转基因病毒可以炸死癌细胞?

英国肿瘤中心和伦敦大学玛丽皇家医学院科学家发现了一种防治恶性肿瘤的新方法,以尼克·列莫伊教授为首的研究小组建议在癌肿块中植入转基因病毒,转基因病毒会在受损细胞内部"爆炸"。

通常在病毒侵入健康细胞时,细胞会发现侵入并激活自杀过程,从而阻止疾病的传播。但是某些传染病带有能"欺骗"人体细胞的特殊基因,以确保自身能快速增生。

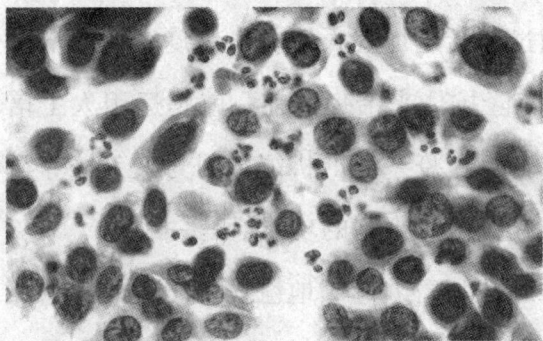

英国科学家试图切断腺病毒中的一个基因(E1B – 19kD),然后研究其在人体中的感染情况。实验结果表明,健康细胞能轻易识别转基因病毒和预防疾病逐渐发展。而不会自杀的癌细胞对于腺病毒来说是增生的合适介质,并且增生的速度如此之快,以致癌细胞直接被"爆炸",从而阻止癌肿块继续发展。

据《新科学家》杂志报道,英国肿瘤中心和伦敦大学玛丽皇家医学院的科学家利用癌细胞已进行了一系列成功的试验,癌细胞取自胃

癌、肺癌和肠癌以及实验鼠。人体试验计划已经在 2005 年开始，此后将可以谈论转基因病毒"炸死"癌细胞新方法的实际效果。

为什么可用单克隆抗体治疗癌症？

随着人类对人体自身免疫系统如何防范和抵抗癌细胞侵入机制认识的不断加深，医疗科研人员对运用免疫疗法治疗癌症病魔的信心和动力也愈发加强，其中运用单克隆抗体来征服癌症是一种新兴的治疗方法。

癌症免疫疗法也就是通过激活和加强人体自身免疫系统来抵御癌细胞的"入侵"。运用单克隆抗体来治疗癌症，就是运用人工培养的单克隆抗体来加强人体自身免疫系统的机能，因为人工培养与人体自身产生的单克隆抗体在抗击癌细胞的功能上是一致的。

如果说传统的化疗是对恶性肿瘤进行"地毯式轰炸"的话，那么单克隆抗体就是征服癌症的"精确制导导弹"。在一定药物或毒素的配合下，单克隆抗体能准确"识别"和"瞄准"癌细胞并加以"打击"。与传统化疗相比，由于单克隆抗体只是将癌细胞作为靶体，因此该疗法的副作用明显要小得多。

欧洲癌症研究协会主席、法国癌症治疗专家密谢尔·马尔蒂表示，运用单克隆抗体治疗，能有效地抑制癌细胞的增长和扩散，在临床运用中已经体现出其独特的优势。

例如，运用 Herceptine 这种单克隆生物药品来治疗乳房癌，和使用 Mabthera 这种抗 CD20 单克隆抗体结合化学药物来治疗恶性非何杰金淋巴瘤都已经在实际使用中越来越受到医疗界的认可、重视和推广。

为什么超声波可以做医学检查？

医学超声波检查的工作原理与声纳有一定的相似性，就是将超声波发射到人体内，当它在体内遇到界面时往往会发生反射及折射，并且在人体组织中可能被吸收而衰减。由于人体各种组织的形态与结构是不相同的，因此其反射、折射以及吸收超声波的程度也就会不同，人们正是通过仪器所反映出的波型、曲线或影像的特征来辨别它们。然后再结合解剖学知识，便可诊断所检查的器官是否有病。

目前，医用的超声诊断方法有不同的形式，大致可分为 A 型、B 型、M 型及 D 型四大类。

A 型：主要是以波形来显示组织特征的方法，用于测量器官的径线，以判定其大小。通常可用来鉴别病变组织的一些物理特性，如实质性、液体或是气体是否存在等。

B 型：主要是用平面图形的形式来显示被探查组织的具体情况。检查时，首先将人体界面的反射信号转变为强弱不同的光点，这些光点通常可通过荧光屏显现出来。而且这种方法直观性好，重复性强，可供前后对比，所以广泛用于妇产科、泌尿、消化及心血管等系统疾病的诊断。

M 型：主要是用于观察活动界面时间变化的一种方法。最适用于检查心脏的活动情况，其曲线的动态改变叫做超声心动图，可以用来观察心脏各层结构的位置、活动状态、结构的状况等，一般多用于辅助心脏及大血管疾病的诊断。

D 型：是专门用来检测血液流动和器官活动的一种超声诊断方法，又叫做多普勒超声诊断法。它一般可确定血管是否通畅、管腔是否狭窄、闭塞以及病变部位。此外，新一代的 D 型超声波还能定量地测定管腔内血液的流量。

科学家又发展了彩色编码多普勒系统，可在超声心动图解剖标志的指示下，以不同颜色显示血流的方向，色泽的深浅代表血流的流速。目前还有立体超声显像、超声 CT、超声内窥镜等超声技术不断涌现，并且还可以与其他检查仪器结合使用，使疾病的诊断准确率大大提高。

超声波技术正在医学界发挥着十分巨大的作用，随着科学的进步，它将更加完善，更好地造福人类。